Wissenschaftliche Taschenbücher

Mathematik · Physik

Helmut Hess

Der elektrische Durchschlag in Gasen

Akademie-Verlag · Berlin

WTB Wissenschaftliche Taschenbücher

Reihe BIOLOGIE

HANS BERGNER
Tierernährung

HELMUT FRIEMEL / JOSEF BROCK
Grundlagen der Immunologie

HELLMUTH GÄBLER
Forstschutz

HEINZ GEILER
Ökologie der Land- und Süßwassertiere

PAUL HOFFMANN
Photosynthese

EBERHARD HOFMANN
Eiweiße und Nucleinsäuren als biologische Makromoleküle
Dynamische Biochemie, Teil I

EBERHARD HOFMANN
Enzyme und energiebereitstellende Reaktionen des Stoffwechsels
Dynamische Biochemie, Teil II

EBERHARD HOFMANN
Der Stoffwechsel lebendiger Systeme und seine Regulation
Dynamische Biochemie, Teil III

EBERHARD HOFMANN
Grundlagen der Molekularbiologie und Regulation des Zellstoffwechsels
Dynamische Biochemie, Teil IV

FRIEDRICH JACOB
Bewegungsphysiologie der Pflanzen

GERHARD LERCH
Pflanzenökologie

JOACHIM NITSCHMANN
Entwicklung bei Mensch und Tier

HANS-WERNER NOLTE
Pflanzenschutz in der Landwirtschaft

KLAUS ODENING
Parasitismus

ALFRED PALISSA
Bodenzoologie in Wissenschaft, Naturhaushalt und Wirtschaft

MARTIN SCHMIDT
Pflanzenschutz im Gartenbau

ULRICH SEDLAG
Biologische Schädlingsbekämpfung

LUDWIG SPANNHOF
Zellen und Gewebe der Tiere

GÜNTER TEMBROCK
Grundlagen der Tierpsychologie

GÜNTER TEMBROCK
Biokommunikation
Informationsübertragung im biologischen Bereich
Teil I und II

EBERHARD TEUSCHER
Pharmakognosie
Teil I und II

GERALD WOLF
Neurobiologie

Reihe CHEMIE

HANS-MARTIN BARCHET
Chemie photographischer Prozesse

ULRICH BEHRENS
MANFRED RINGPFEIL
Mikrobielle Polysaccharide

ROLF BORSDORF
MANFRED SCHOLZ
Spektroskopische Methoden in der organischen Chemie

HANS DAWCZYNSKI
Temperaturbeständige Faserstoffe aus organischen Polymeren

HANS DAWCZYNSKI
Temperaturbeständige Faserstoffe aus anorganischen Polymeren

WERNER DÖPKE
Stereochemie organischer Verbindungen

MARTIN FINKE / WALTER LEIPNITZ
Moderne Methoden der Erdölanalyse

ERICH GUNDERMANN
Chemie und Technologie des Braunkohlenteers

WERNER HABERDITZL
Magnetochemie

SIEGFRIED HAUPTMANN
Über den Ablauf organisch-chemischer Reaktionen

HORST KEHLEN / FRANK KUSCHEL
HORST SACKMANN
Grundlagen der chemischen Kinetik

GERHARD KEMPTER
Struktur und Synthese von Vitaminen

PETER KRUMBIEGEL
Isotopieeffekte

KLAUS KÜHNE
Werkstoff Glas

DIETER MERKEL
Riechstoffe

DIETER ONKEN
Steroide

JOACHIM RIEMER
Quantitative organische Mikroanalyse

ROLF SCHÖLLNER
Die Oxydation organischer Verbindungen mit Sauerstoff

WOLFGANG WAGNER
Chemische Thermodynamik

GÜNTHER WAGNER
HANS KÜHMSTEDT
Pharmazeutische Chemie

Reihe MATHEMATIK/ PHYSIK

HANS BANDEMER
ANDREAS BELLMANN
WOLFHART JUNG / KLAUS RICHTER
Optimale Versuchsplanung

DIETRICH BENDER
ERNST-EGON PIPPIG
Einheiten, Maßsysteme, SI

WOLFRAM BRAUER
HANS-WALDEMAR STREITWOLF
Theoretische Grundlagen der Halbleiterphysik

SIEGFRIED BREHMER
Einführung in die Maßtheorie

FERDINAND CAP
Einführung in die Plasmaphysik
I. Theoretische Grundlagen

FERDINAND CAP
Einführung in die Plasmaphysik
II. Wellen und Instabilitäten

FERDINAND CAP
Einführung in die Plasmaphysik
III. Magnetohydrodynamik

JOHN CUNNINGHAM
Vektoren

GEORG DAUTCOURT
Relativistische Astrophysik

ALBERT EINSTEIN
Grundzüge der Relativitätstheorie

ALBERT EINSTEIN
Über die spezielle und die allgemeine Relativitätstheorie

HANNELORE FISCHER
JOACHIM PIEHLER
Modellsysteme der Operationsforschung

ALFRED FRIESER
Mikrowellenmeßtechnik

HERBERT GOERING
Elementare Methoden zur Lösung von Differentialgleichungsproblemen

MICHAEL GÖSSEL
Angewandte Automatentheorie
Band I

MICHAEL GÖSSEL
Angewandte Automatentheorie
Band II

MICHAEL GÖSSEL
Wahrscheinlichkeitsautomaten und Zufallsfolgen

E. G. GOLSTEIN
Konvexe Optimierung

ULRICH KAUSMANN
KLAUS LOMMATZSCH
FRANTIŠEK NOŽIČKA
Lineare parametrische Optimierung

VOLKER KEMPE
Theorie stochastischer Systeme

VOLKER KEMPE
Analyse stochastischer Systeme
Teil I

A. R. KESSEL
Akustische Kernresonanz

HEINRICH KINDLER
Der Regelkreis

DIETER KLAUA
Elementare Axiome der Mengenlehre
Einführung in die
Allgemeine Mengenlehre I

DIETER KLAUA
Grundbegriffe der axiomatischen Mengenlehre
Teil 1 und 2
Einführung in die
Allgemeine Mengenlehre II

DIETER KLAUA
Kardinal- und Ordinalzahlen
Teil 1 und 2
Einführung in die
Allgemeine Mengenlehre III

DIETER KÖNIG / DIETRICH STOYAN
Methoden der Bedienungstheorie

KONRAD KREHER
Festkörperphysik

JEAN KUNTZMANN
Unendliche Reihen

JEAN KUNTZMANN
Systeme von Differentialgleichungen

JEAN KUNTZMANN
Komplexe Veränderliche

WOLFGANG MEILING
Kernphysikalische Elektronik

PETER PAUFLER / DIETER LEUSCHNER
Kristallographische Grundbegriffe der Festkörperphysik

HARRY PAUL
Lasertheorie
Teil I und II

HARRY PAUL
Nichtlineare Optik
Teil I und II

WOLFGANG PAULI
Vierpoltheorie und ihre Anwendung auf elektronische Schaltungen

HARRY PFEIFER
Theorie linearer Bauelemente
Elektronik für den Physiker I

HARRY PFEIFER
Die Elektronenröhre
Elektronik für den Physiker II

HARRY PFEIFER
Schaltungen mit Elektronenröhren
Elektronik für den Physiker III

HARRY PFEIFER
Leitungen und Antennen
Elektronik für den Physiker IV

HARRY PFEIFER
Mikrowellenelektronik
Elektronik für den Physiker V

HARRY PFEIFER
Halbleiterelektronik
Elektronik für den Physiker VI

HARRY PFEIFER / W. HEINK
Schaltungen mit Transistoren
Elektronik für den Physiker VII

ULRICH RÖSEBERG
Determinismus und Physik

J. A. ROSANOW
Wahrscheinlichkeitstheorie

WOLFGANG SCHÄFER
Theoretische Grundlagen der Stabilität technischer Systeme

ERNST SCHMUTZER
Symmetrien und Erhaltungssätze der Physik

I. S. SHELUDEW
Elektrische Kristalle

N. D. SHEWANDROW
Die Polarisation des Lichtes

L. A. SKORNJAKOW
Elemente der Verbandstheorie

A. A. SMIRNOW
Metallphysik

A. S. SONIN / B. A. STRUKOW
Einführung in die Ferroelektrizität

HANS-JÜRGEN TREDER
Elementare Kosmologie

J. F. VINSON
Optische Kohärenz in der klassischen Theorie und in der Quantentheorie

TEXTE UND STUDIEN

D. M. BRINK
Kernkräfte

STEPHEN G. BRUSH
Kinetische Theorie
Teil I und II

D. TER HAAR
Quantentheorie

W. R. HINDMARSH
Atomspektren

J. H. SANDERS
Die Lichtgeschwindigkeit

R. A. R. TRICKER
Die Beiträge von Faraday und Maxwell zur Elektrodynamik

R. A. R. TRICKER
Frühe Elektrodynamik

Vorschau auf die nächsten Bände:

FRANK BEICHELT
Prophylaktische Bedienung von Systemen

WILHELM KÄMMERER
Kybernetik — eine Einführung auf naturwissenschaftlicher Grundlage

REGINE WITKOWSKI
FALKO H. HERRMANN
Einführung in die klinische Genetik

WTB

BAND 162

Helmut Hess

Der elektrische Durchschlag in Gasen

Der elektrische Durchschlag und die Entwicklung des Funkens in Gasen

Mit 50 Abbildungen und 11 Tabellen

AKADEMIE-VERLAG · BERLIN

Reihe MATHEMATIK UND PHYSIK

Herausgeber:
Prof. Dr. phil. habil. W. Holzmüller, Leipzig
Prof. Dr. phil. habil. A. Lösche, Leipzig
Prof. Dr. phil. habil. H. Reichardt, Berlin
Prof. Dr. phil. habil. K. Schröder, Berlin
Prof. Dr. phil. habil. K. Schröter, Berlin
Prof. Dr. rer. nat. habil. H.-J. Treder, Potsdam

Verfasser:
Dr. Helmut Hess
Zentralinstitut für Elektronenphysik
der Akademie der Wissenschaften der DDR

1976

Erschienen im Akademie-Verlag, 108 Berlin, Leipziger Straße 3—4

Lizenznummer: 202 · 100/431/76
Herstellung: VEB Druckhaus „Maxim Gorki", 74 Altenburg
Bestellnummer: 762 121 8 (7162) · LSV 1154
Printed in GDR
DDR 8,— M

Inhaltsverzeichnis

Einleitung

Die Gasentladungsphysik wird seit etwa einem Jahrzehnt von der Industrie verstärkt gedrängt, die Anwendbarkeit ihrer Ergebnisse durch die Ausarbeitung von Optimierungsprozeduren zu verbessern bzw. in völlig neue Parameterbereiche vorzustoßen. Das gilt für die Plasmabrenner, die z. B. zur Materialbearbeitung oder für chemische Synthesen eingesetzt werden, ebenso wie für die bei den Hochleistungsschaltern auftretenden Lichtbögen oder für die Gasentladungslichtquellen, und das gilt auch für den Durchschlag und die Funkenentladungen, die in der vorliegenden Arbeit behandelt werden.

Der elektrische Durchschlag von Gasen ist aus zwei völlig entgegengesetzten Gründen von allergrößtem technischem Interesse. In der Hochspannungstechnik — und hierzu wollen wir als den volkswirtschaftlich wichtigsten Zweig auch die Übertragungstechnik für Elektroenergie zählen — kommt es darauf an, den Durchschlag zu verhindern bzw. seine Auswirkungen einzuschränken, da sonst verheerende Zerstörungen der technischen Anlagen auftreten können bzw. Verluste durch Koronaentladungen nicht mehr vertretbare Ausmaße annehmen.

Im Gegensatz dazu wird der beim Durchschlag einer Gasstrecke auftretende sehr kurzzeitige Übergang von einem guten Isolator zu einem guten Leiter für viele Anwendungen bewußt herbeigeführt. So wird jede Gasentladung durch einen Durchschlagsprozeß eingeleitet. Ist die für die Entladung zur Verfügung stehende Energie beschränkt und auf einem Kondensator gespeichert, und werden bei der Entladung Ströme erreicht, die mindestens so groß sind wie beim stationären Bogen, so spricht man von Funkenentladungen. Ganz wesentlich für viele Anwendungen ist die schnelle „Erholung" der Gasstrecke nach einer solchen Entladung, ihre Wiederverfestigung.

Funkenentladungen werden vor allem als Lichtquellen und als Schalter verwendet und sind unter diesen Aspekten schon häufig Gegenstand physikalischer Untersuchungen gewesen. Ist man jedoch gezwungen, ganz bestimmten Anwenderforderungen nachzugehen, so stellt man oft fest, daß für den konkreten Fall die theoretischen Grundlagen fehlen bzw. unvollständig sind. Eine solche Situation war auch der Ausgangspunkt der vorliegenden Arbeit.

Aus Forschungsinstituten wissenschaftlicher Einrichtungen und aus Entwicklungsabteilungen der Industrie kommen Forderungen bezüglich der Entwicklung von Nanosekunden-Lichtquellen mit einer Emission hoher Leistung im sichtbaren und im nahen ultravioletten Spektralgebiet. Diese Lichtquellen sollen zum Pumpen von Lasern, zur Kurzzeitfotografie, zur Fotochemie und zur Kurzzeitspektroskopie dienen. Im Gegensatz zu Entladungen im Mikrosekunden-Bereich, die recht gut untersucht sind, treten im Nanosekundenbereich neue Probleme auf.

Beträgt die Entladungsdauer einige µs und mehr, so folgt die Emission im optischen Bereich i. a. praktisch ohne zeitliche Verzögerung dem Verlauf der elektrischen Leistung. Müssen Stoßwellen nicht berücksichtigt werden — wie etwa in wandstabilisierten Entladungen — und spielt die Wärmeleitung noch keine Rolle, so liefert die Gleichsetzung der eingespeisten elektrischen Leistung mit der Strahlungsleistung in jedem Augenblick eine quantitative Leistungsbilanz. Die Phasen des Durchschlages und des Spannungszusammenbruchs an der Entladungsstrecke sind kurz gegen die Entladungsdauer, ihr genauer Ablauf ist daher für die Entladung unwesentlich. Durch geeignete Wahl des Entladungskreises — etwa durch Verwendung einer Laufzeitkette — kann man für die Dauer der Entladung stationäre Verhältnisse im Entladungsplasma erzielen, auch bezüglich der Abstrahlung.

Ganz anders liegen die Verhältnisse im Nanosekundenbereich. Obwohl man auch hier in hinreichend dichten Gasen bei Investition entsprechend hoher spezifischer Leistungen innerhalb sehr kurzer Zeiten thermodynamisches Gleichgewicht erreichen kann, spielt die Strahlung zunächst keine Rolle in der Energiebilanz. Vielmehr dominieren die Prozesse der Dissoziation und Ionisation. Da auch Wärmeleitung und gasdynamische Ausdehnung oft von untergeordneter Bedeutung sind, bleibt das Plasma energetisch weitgehend isoliert. Die eingespeiste Energie wirkt kumulativ, die Temperatur folgt nicht der Leistungskurve, sondern steigt auch beim Abfall der Leistung weiter an, bis dann doch die Strahlung, die mit steigender Temperatur stark anwächst, einem weiteren Temperaturanstieg ein Ende macht und schließlich das Plasma abkühlt.

Im Gegensatz zu den Entladungen im Mikro- und Millisekundenbereich können bei den thermischen Entladungen im Nanosekundenbereich keine stationären Verhältnisse erzielt werden. Die Energie wird vielmehr während des Spannungszusammenbruchs eingespeist, so daß diese Phase ebenso wie die vorangehende Durchschlagsphase im Mittelpunkt der Betrachtungen steht. Die Abstrahlung erfolgt bei Entladungen, die für die Anwendung in Frage kommen, praktisch erst im Anschluß an die Energieeinspeisung, so daß sich hier eine Entkopplung der elektrischen und optischen Vorgänge anbietet, die die theoretische Behandlung stark vereinfacht.

Die vorliegende Arbeit beschäftigt sich nur mit dem Problemkreis Durchschlag-Spannungszusammenbruch; die Behandlung der optischen Vorgänge steht noch am Anfang und muß einer späteren Arbeit vorbehalten bleiben.

Während nun zum Durchschlag — uns interessiert der Bereich $pd \approx 1 \cdots 1000$ Torr cm bei homogenem Feld — durch eine Vielzahl von Arbeiten ein bereits sehr weitgehender Überblick existiert, den wir hier im wesentlichen referieren und kommentieren, befindet sich die Forschung zum Spannungszusammenbruch noch in einem weit weniger entwickelten Stadium.

Es gibt einerseits viele Arbeiten zur Phänomenologie des Spannungszusammenbruches in Entladungskreisen, die stabilisierende Impedanzen in Form von zusätzlichen Ohmschen Widerständen oder Induktivitäten enthalten. Die dabei auftretende transiente nicht-thermische Hochstrom-Glimmentladung ist für Laser von Interesse. Andere Anwender fordern jedoch größere spezifische Energien pro Impuls als sie in solchen Lasern realisierbar sind. Um diese Werte in Zeiten $< 1\ \mu s$ zu erreichen, muß der Entladungskreis von vornherein induktionsarm ausgelegt sein und darf außer der Entladungsstrecke keine zusätzlichen Verbraucher enthalten, so daß sich i. a. ein glatter Spannungsabfall ohne die sonst charakteristischen Stufen ergibt.

Für diese Art der Entladung existieren Ansätze zur Behandlung des elektrischen Verhaltens, die auf Toepler 1906/1924 bzw. Rompe und Weizel 1944/1947 zurückgehen. Dabei handelt es sich um empirische bzw. halbempirische Beziehungen, die den Widerstand bzw. die elektrische Leitfähigkeit als das Resultat der Wirkung der bis zum entsprechenden Zeitpunkt durch das Plasma transportierten Ladung ausdrücken.

Obwohl der Toeplersche Ansatz sich in der Praxis sehr gut bewährt hat, ist er doch ungeeignet für eine Zurückführung des elektrischen Verhaltens eines Nanosekunden-Entladungsplasmas auf bekannte Gaseigenschaften. Erfolgversprechender erscheint dafür der Ansatz von Rompe und Weizel, der allerdings bisher nur für Plasmen geringen Ionisationsgrades vorlag, die dann im Nanosekundenbereich bei mittleren Drücken notwendig nicht-thermischen Charakter haben.

In der vorliegenden Arbeit wird dieser Ansatz auf thermische Entladungsplasmen erweitert; die Ergebnisse werden durch Experimente und Rechnungen verifiziert.

Das Hauptanliegen der Arbeit besteht darin, Berechnungsunterlagen zur Optimierung des elektrischen Verhaltens von Nanosekunden-Entladungen, wie sie für Impulslichtquellen und Schalter verwendet werden, bereitzustellen. Dabei sollten alle wesentlichen Größen wie statische Durchschlagsspannung, Halbwertsbreite und Maximalwert des Impulses der elektrischen Leistung grundsätzlich zurückführbar sein auf die Eigenschaften der Atome bzw. Moleküle wie Dissoziations- und Ionisationsenergien und Querschnitte für elastische und unelastische Stöße.

Die voıliegende Arbeit macht eine Gruppe von Funkenentladungen mit großer praktischer Bedeutung für eine quantitative Behandlung ihres elektrischen Verhaltens zugänglich. Damit sind die Voraussetzungen für die noch ausstehende Behandlung der Strahlung aus diesen Entladungen gegeben.

1. Der elektrische Durchschlag in Gasen bei höheren Drücken

1.1. Durchschlag und stationäre Charakteristik

1.1.1. Durchschlagskriterium

Legt man an eine Gasentladungsstrecke eine Spannung an, so beginnen freie Elektronen, die entweder bereits im Gas vorhanden sind oder durch äußere Einwirkung erzeugt werden, unter dem Einfluß des elektrischen Feldes zu driften. Wir wollen uns bei unseren folgenden Betrachtungen auf homogene Felder beschränken.

Bei geringen Feldstärken werden diese Elektronen einfach aus der Entladungsstrecke abgesaugt. Mit zunehmender Feldstärke gewinnen die Elektronen zwischen zwei elastischen Stößen jedoch immer mehr Energie aus dem Feld, bis sie schließlich ionisieren können. Die sog. Gasverstärkung setzt ein.

Dieser Ionisierungsprozeß wird durch den ersten TOWNSENDschen Ionisierungskoeffizienten α charakterisiert. Ein Elektron, das das differentielle Wegstück dx zurücklegt, erzeugt dabei durch Stoß $\alpha\,dx$ neue Elektronen, so daß nach Zurücklegen der Strecke x im konstanten elektrischen Feld die Zahl der Elektronen auf $e^{\alpha x}$ gewachsen ist. α/p ist eine Funktion von E/p (Abb. 1; E — Feldstärke, p — Druck [89]).

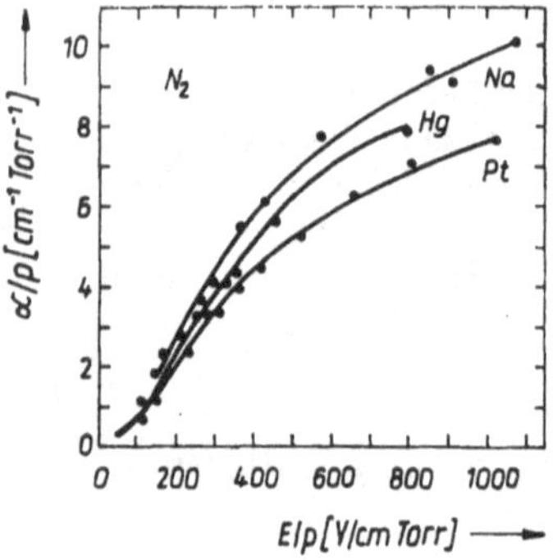

Abb. 1. α/p als Funktion von E/p in N_2 [89].
Pt — Platinkatode in reinem Stickstoff,
Hg — Verunreinigung durch Quecksilberdampf,
Na — Verunreinigung durch Natriumdampf.

Befindet sich das Elektron bei Anlegen der Spannung an der Katode, so erzeugt es auf seinem Weg bis zur Anode $e^{\alpha d} - 1$ zusätzliche Elektronen (d — Elektrodenabstand). Die Laufzeit dieser sich lawinenartig vermehrenden Elektronenwolke beträgt $T_- = d/v_-$ (v_- — Driftgeschwindigkeit).

Der entsprechende Stromimpuls hat die Form (Abb. 2)

$$J_-(t) = q e^{\alpha v_- t}/T_- \quad \text{für} \quad 0 \leqq t \leqq T_-, \qquad (1)$$

q — Elementarladung.

Der Anstieg des Elektronenstroms hat die Zeitkonstante

$$\tau_L = (\alpha v_-)^{-1}. \tag{2}$$

Durch Sekundäreffekte an der Katode etwa durch Ionen oder Photonen können nun aber während der Laufzeit der Lawine weitere Elektronen freigesetzt werden.

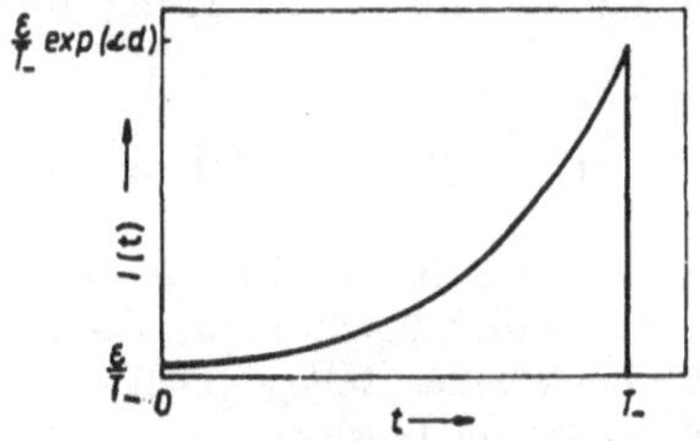

Abb. 2. Zeitlicher Verlauf des Stromes einer Elektronenlawine [8].
ε – Elementarladung,
T_- – Laufzeit der Elektronen.

Ein Elektron habe beim Durchlaufen von dx den sekundären Effekt, an der Katode ω dx Elektronen freizusetzen; der spezielle Mechanismus werde zunächst nicht beachtet.

Die Zahl der durch Sekundäreffekte insgesamt die Katode verlassenden Elektronen sei n_s. Mit dem Startelektron verlassen also $n_s + 1$ Elektronen die Katode. An einer Stelle x der Strecke kann man dann insgesamt mit

$$n(x) = (n_s + 1)\, \mathrm{e}^{\alpha x} \tag{3}$$

Elektronen rechnen. Diese bewirken beim Durchlaufen von dx einen Sekundäreffekt $\mathrm{d}n_s = n(x)\, \omega \mathrm{d}x$.

Nach Integration über die gesamte Entladungsstrecke folgt:

$$n_s = \int_0^d n(x)\, \omega\, \mathrm{d}x = (n_s + 1)\, \omega \int_0^d \mathrm{e}^{\alpha x}\, \mathrm{d}x,$$

$$n_s = (n_s + 1)\, \frac{\omega}{\alpha}\, (\mathrm{e}^{\alpha d} - 1),$$

$$n_s + 1 = (n_s + 1)\,\frac{\omega}{\alpha}\,(e^{\alpha d} - 1) + 1\,,$$

$$n_s + 1 = \left[1 - \frac{\omega}{\alpha}\,(e^{\alpha d} - 1)\right]^{-1}. \tag{4}$$

Die Gesamtzahl der Elektronen, die an der Anode eintreffen, ergibt sich dann unter Berücksichtigung der Sekundäreffekte zu

$$n(d) = (n_s + 1)\,e^{\alpha d} = e^{\alpha d}\left[1 - \frac{\omega}{\alpha}\,(e^{\alpha d} - 1)\right]^{-1}. \tag{5}$$

Dabei wurde angenommen, daß das Feld in der Entladungsstrecke homogen und zeitlich konstant ist. Raumladungseffekte dürfen also noch keine Rolle spielen.

Der Koeffizient ω/α ist der zweite TOWNSENDsche Ionisierungskoeffizient; er wird oft auch mit γ bezeichnet und gibt die Zahl der aus der Katode befreiten Elektronen an, die auf einen ionisierenden Stoß im Gas entfallen.

Für

$$\mu = \gamma(e^{\alpha d} - 1) = 1 \tag{6}$$

wächst dann nach (5) $n(d)$ unbegrenzt an. Hier sind die Grenzen der Gültigkeit von (5) überschritten, da von einer bestimmten Elektronenzahl an Raumladungseffekte den Ablauf stark modifizieren (Raumladungsbegrenzung). Beziehung (6) hat jedoch unabhängig davon eine wesentliche physikalische Bedeutung:

Ein Elektron hat nach Durchlaufen der Entladungsstrecke $e^{\alpha d} - 1$ Elektronen erzeugt. Wenn diese die Entladung an der Anode verlassen, so haben sie durch Sekundäreffekte an der Katode gerade $\gamma(e^{\alpha d} - 1)$ weitere Elektronen erzeugt.

Gilt (6), dann wird dadurch gerade wieder ein Elektron an der Katode bereitgestellt, so daß die nächste Lawine die gleiche Stärke hat wie die vorangegangene.

Das bedeutet aber, daß sich die Entladung selbst erhält, daß unter diesen Bedingungen ohne zusätzliche äußere Einflüsse allein unter der Wirkung der angelegten Spannung in der Entladungsstrecke ein Strom fließen kann.

Die weitere Entwicklung dieses Stromes ist stark von den Verhältnissen im äußeren Kreis abhängig. Falls der Widerstand im äußeren Kreis nicht zu groß ist, kommt es zum Durchschlag der Entladungsstrecke, und es entwickelt sich eine Glimm- oder Bogenentladung oder aber auch eine Funkenentladung.

Die Beziehung (6) ist das bekannte TOWNSENDsche Durchschlagskriterium; da insbesondere α eine Funktion von E/p ist, läßt sich aus diesem Kriterium die Durchschlagsfeldstärke E_D bzw. die Durchschlagsspannung U_D ermitteln.

Uns interessiert hier die Entwicklung, die zur Funkenentladung führt; eine solche Entladung erhält man, wenn die elektrische Energie in einem begrenzten Betrag auf einem Kondensator gespeichert zur Verfügung steht und der Widerstand des äußeren Entladungskreises nur gering ist.

1.1.2. Stationäre Charakteristik

Aus methodischen Gründen ist es jedoch nützlich, die Entwicklung auch für den Fall zu verfolgen, daß eine stationäre Spannungsquelle zur Verfügung steht und der Entladungsstrom, angefangen von sehr kleinen Werten, durch verschiedene Widerstände definiert begrenzt wird. Die auf diese Weise erhaltene Abhängigkeit $U(I)$ (U — Spannung an der Entladungsstrecke) wird als stationäre Charakteristik bezeichnet [1, 4, 5, 6, 7].

Sehen wir uns zunächst diesen stationären Fall an (Abb. 3). Wenn man an eine Entladungsstrecke eine Spannung unterhalb der Durchschlagsspannung anlegt, so kann bei homogenem Feld nicht kontinuierlich Strom durch die Strecke fließen, es sei denn, es werden auf Grund äußerer Einflüsse ständig Elektronen erzeugt. Solche äußeren Einflüsse können etwa von Quellen ultravioletter oder härterer Strahlung herrühren, die eine fotoelektrische Emission von Elektronen aus der Katode bewirken. (Anders liegen die Verhältnisse im stark inhomogenen Feld; hier bildet sich oberhalb einer gewissen Einsatzspannung eine sog. Korona-Entladung aus, die durchaus selbständigen Charakter hat, weil zumindest zeitweise in bestimmten Bereichen der Entladungsstrecke die Bedingung (6) erfüllt ist. Der Durchschlag tritt jedoch erst ein, wenn die gesamte Strecke erfaßt wird.)

Existiert kein solcher stetiger Mechanismus, so werden — statistisch verteilt — durch die kosmische Strahlung oder durch Strahlung, die von der natürlichen Radioaktivität der Umgebung herrührt, einzelne Elektronen erzeugt, die ihrerseits bei hinreichend hoher Spannung eine nachweisbare Elektronenlawine bilden. Die Entladungsstrecke wirkt dann als Zähler für solche Ereignisse.

Die Entladung in diesem Bereich $U < U_D$ ist in jedem Falle unselbständig, ohne äußere Unterstützung zusätzlich zur angelegten Spannung fließt kein Strom (A—B in Abb. 3). Wenn die Durchschlagsspannung erreicht wird

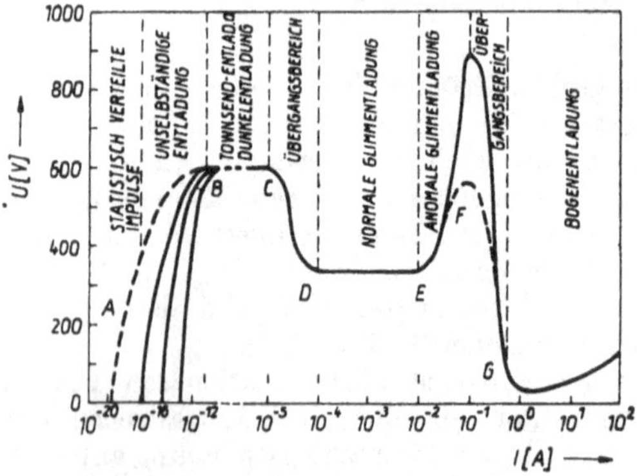

Abb. 3. Schematische Darstellung einer stationären Strom-Spannungscharakteristik einer Gasentladung für ein Edelgas bei etwa $p = 1$ Torr und $d = 10$ cm [1, 6, 7].

und der Strom ist durch einen Vorwiderstand auf Werte von der Größenordnung 10^{-6} A begrenzt, dann bleibt die Spannung an der Strecke konstant, der Strom ist nur vom Widerstand des äußeren Kreises abhängig und fließt nun auch ohne zusätzliche äußere Unterstützung.

In diesem Bereich wird die jetzt selbständig gewordene Entladung Townsendsche oder Dunkelentladung genannt. Raumladungen bilden sich bei den geringen Strömen noch nicht aus (B—C in Abb. 3).

Steigert man durch Verringerung des Vorwiderstandes oder durch Erhöhung der angelegten Spannung den Entladungsstrom weiter, so fällt die Spannung an der Strecke und erreicht bei etwa 10^{-4} A erneut einen Wert, der unabhängig vom Strom ist (C—D—E in Abb. 3). In diesem Bereich zeigt die Entladung ein schwaches, mit dem Auge wahrnehmbares Leuchten, daher die Bezeichnung Glimmentladung. Die Entladung hat eine deutliche axiale Struktur, deren wesentliche Elemente eine homogene positive Säule, das katodische Glimmlicht und ein Dunkelraum zwischen Säule und Glimmlicht sind. Der Durchmesser der Entladung ist zunächst gering, er nimmt jedoch mit wachsendem Strom derart zu, daß die Stromdichte konstant bleibt. Dies ist die normale Glimmentladung. Die Struktur in axialer Richtung deutet darauf hin, daß Raumladungsphänomene eine Rolle spielen. Sie führen zu einer inhomogenen Feldverteilung, wobei insbesondere eine starke Feldüberhöhung an der Katode auftritt, der sog. Katodenfall. Er beträgt ca. 100—300 V in Abhängigkeit von Gasart und Katodenmaterial.

Wenn die Entladung den Rand der Elektrodenoberfläche erreicht hat, steigt mit wachsendem Strom auch die Spannung an der Strecke wieder an (E—F in Abb. 3). Das ist der Bereich der anomalen Glimmentladung. Mit zunehmendem Strom nimmt die Leuchtdichte an der Katode zu und das Glimmlicht wird inhomogen; einige Flecken auf der Katode erscheinen heller als ihre Umgebung. Bei weiterer Steigerung des Stromes kann ein Fleck wesentlich heller werden als die anderen; die Entladung konzentriert sich dann auf diesen Fleck und verringert unter starker Zunahme der Leuchtdichte ihren Durchmesser wesentlich. Dabei nimmt die Spannung von einigen hundert auf einige zehn Volt ab (*F*—*G* in Abb. 3). Das ist der Übergang von der Glimm- zur Bogenentladung, der nicht in allen Phasen stabilisierbar ist. Bei schwerschmelzbarem Elektrodenmaterial, bei dem dieser Über-

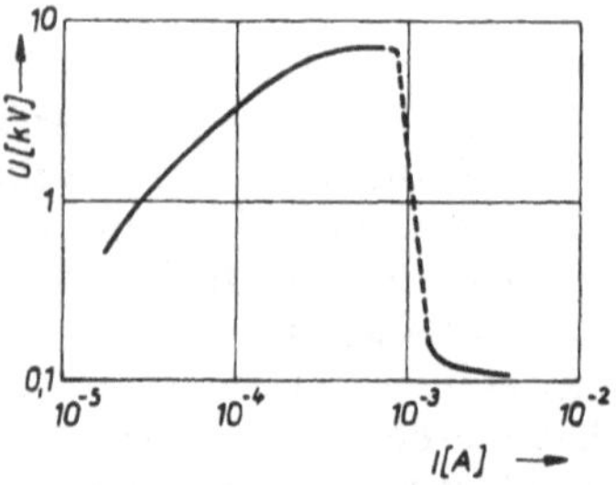

Abb. 4. Stationäre Strom-Spannungscharakteristik einer Quecksilberdampf-Höchstdrucklampe bei 800 °C (17,5 atm); Übergang zur Glimmentladung [9].

gang zu einem sog. Brennfleckbogen beobachtet wird, bildet sich dann bei weiterer Stromsteigerung der sog. brennflecklose Bogen aus. Die Spannung steigt nun wieder an.

Die hier beschriebene Charakteristik (Abb. 3) stellt eine recht schematische Repräsentation für niedrige Drücke dar, wie man sie in allen einschlägigen Lehrbüchern findet. In Abhängigkeit von den konkreten Bedingungen kann sie sehr stark modifiziert sein.

Als Beispiel seien hier Teilbereiche von stationären Charakteristiken an Quecksilber-Höchstdrucklampen wiedergegeben: einmal (Abb. 4) der Übergang von der unselbständigen zur selbständigen Entladung bei 800 °C Umgebungstemperatur (das entspricht einem Quecksilberdampfdruck von 17,5 atm in der Lampe [9]). Die Durchschlagsspannung ist durch die thermische Elektronenemission aus der Katode bereits um ca. 25% erniedrigt, der Bereich der TOWNSEND-Entladung daher nur angedeutet; der Spannungsabfall beim Übergang zur Glimmentladung erfolgt bis auf Werte knapp oberhalb 100 V. Dieser Wert liegt deutlich unterhalb der Angaben für den Katodenfall in Quecksilberdampf (stets > 250 V; [1, 5, 11, 12]).

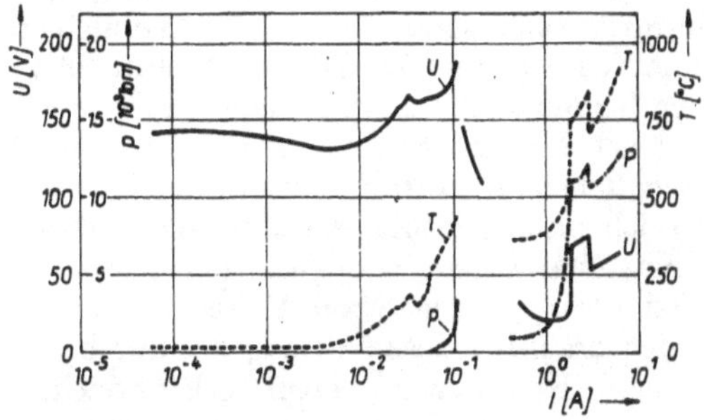

Abb. 5. Stationäre Strom-Spannungscharakteristik einer Quecksilberdampf-Höchstdrucklampe bei Raumtemperatur [10]. Neben der Spannung sind die Temperatur des Lampenkolbens und der Druck im Lampeninnern aufgetragen.

Als zweites Beispiel sei die stationäre Charakteristik für eine Quecksilberdampf-Höchstdrucklampe bei Raumtemperatur wiedergegeben (Abb. 5). Da es sich hierbei um ein abgeschlossenes Entladungsgefäß handelt, nehmen Temperatur und Druck sowie bis zu einer gewissen Temperatur auch die Dichte infolge der zunehmenden elektrischen Leistung im Verlauf der Charakteristik i. a. zu.

Die Messung setzt hier erst nach dem Durchschlag im Glimmstadium ein. Die Entladung brennt zunächst in dem als Zündgas eingefüllten Argon bei 35 Torr. Die Spannung liegt zwischen 130 und 150 V und entspricht damit recht gut den Literaturangaben für den Katodenfall in Argon.

Es schließt sich die anomale Glimmentladungsphase an, in der zunächst die Temperatur und dann später auch der Druck wesentlich über die Anfangswerte hinaussteigen.

Nach einem Übergangsstadium, das bei der verwendeten geringen Ausgangsspannung (220 V) besonders schwer zu stabilisieren war, folgt eine erste Bogenphase, in der die Entladung bereits überwiegend in dem hier noch gesättigten Quecksilberdampf bei Drücken etwas größer als 1 atm brennt.

Mit der Verdampfung des Quecksilbers steigt der Druck in der Entladung um etwa eine Größenordnung an; es bildet sich ein Hochdruckbogen bei etwa 15 atm mit einem wesentlich erhöhten Spannungsbedarf (70 V statt 20 V).

Bei weiterer Stromzunahme wird auch diese Bogenphase instabil; der Ansatz des Bogens, der sich seitlich am Katodenschaft befand, springt nun auf die Katodenspitze vor, wo sich ein heller Brennfleck ausbildet. Dieser Vorgang ist mit einer erneuten Spannungsverringerung verbunden. Bei noch höheren Stromstärken erfolgt der Umschlag in den brennflecklosen Bogen, der durch eine wesentlich höhere Katodentemperatur gekennzeichnet ist.

Wie man an diesen beiden Beispielen sieht, folgen spezielle Charakteristiken dem schematischen Verlauf nur sehr grob; die Spannungen in den einzelnen Phasen sowie die Einsatzströme hängen stark von den jeweiligen Bedingungen ab. Auf die im Zusammenhang mit der stationären Charakteristik eingeführten Begriffe werden wir im Verlauf der Arbeit häufig zurückgreifen.

1.2. Die Entwicklung einer Elektronenlawine

Die Trägervermehrung in einer Elektronenlawine erfolgt im homogenen Feld nach dem bereits angegebenen Exponentialgesetz: Startet ein Elektron an der Katode, so löst es eine Elektronenlawine aus, die nach Durchlaufen der Entladungsstrecke mit der Länge d auf

$$n = e^{\alpha d} \tag{7}$$

Elektronen angewachsen ist.

Der Einfluß der Raumladung. (7) gilt allerdings nur solange, wie Raumladungseffekte ohne Einfluß auf den Ablauf bleiben. Nun haben eine Reihe von Arbeiten [14—17] gezeigt, daß oberhalb von $n \approx 10^6$ die Trägervermehrung nicht mehr nach dem TOWNSENDschen Exponentialgesetz, sondern unterexponentiell verläuft. Dies wurde auf die Bremsung der Elektronen im Feld der zurückbleibenden positiven Ionen zurückgeführt und der Effekt als Raumladungsbremsung bezeichnet.

Nach einer einfachen Modellvorstellung, bei der man sich die Ionenladung im Schwerpunkt der Ionenwolke vereinigt denkt und den Abstand zum Schwerpunkt der Elektronenwolke mit $r = \frac{1}{\alpha}$ ansetzt, erhält man für das bremsende Raumladungsfeld [15]:

$$E_{RL} = \frac{qn}{4\pi\varepsilon_0(1/\alpha)^2} = 1{,}5 \cdot 10^{-7} \frac{n}{(1/\alpha)^2} \text{ V cm},$$

$$\varepsilon_0 = (4\pi \cdot 9 \cdot 10^{11})^{-1} \text{ Coul/V cm.} \tag{8}$$

Dieses Feld kann bei Ladungsträgerzahlen $n \gtrsim 10^6$ einen merklichen Anteil des „angelegten" Feldes E_0 ausmachen und so über eine Verringerung des Stoßionisierungskoeffizienten α eine Abnahme der Trägervermehrungsrate gegenüber dem exponentiellen Gesetz bewirken.

So ergibt sich z. B. nach RICHTER [16] in Äther bei 370 Torr und 0,3 cm Elektrodenabstand eine Feldstärkeverringerung um 3,6 kV/cm bei einem angelegten Feld von 28 kV/cm; dabei wurde $n = 10^7$ gesetzt. Abb. 6a—d gibt die Entwicklung des Raumladungsfeldes der positiven Ionen wieder, die von einer Folge von Elektronenlawinen erzeugt wurden (HOFFMANN 1967 [22]). Die theoretischen Verläufe stimmen gut mit den experimentell ermittelten überein. Abb. 6a zeigt die Feldverteilung kurz nachdem die letzte Elektronenlawine die Anode erreicht hat; die Feldabsenkung an der Anode (ca. 10%) hat eine wesentliche Verringerung der Stoßionisation zur Folge,

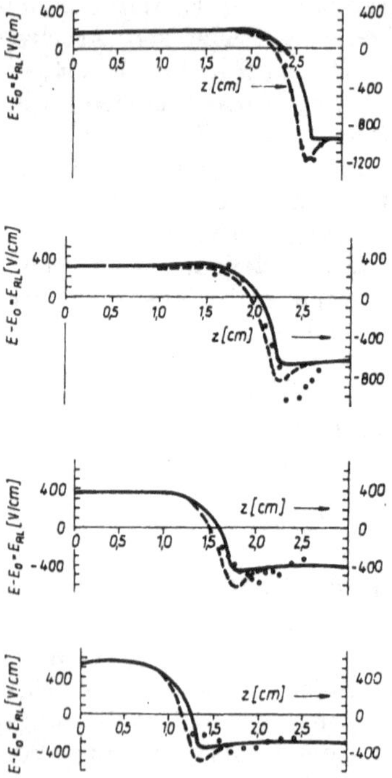

Abb. 6. Räumliche Verteilung der Raumladungsfelder bei einem Radius der Ionenverteilung senkrecht zur Entladungsachse $R = 3{,}5$ cm und verschiedenen Zeiten T nach dem Start der Primärelektronen, Messungen mit Sondenlawine in $N_2 + 5\% \, CH_4$, $p_{tot} = 210$ Torr (Kreise); Modellrechnungen (ausgezogene Kurve); korrigierte Rechnungen unter Berücksichtigung der zeitlichen Verteilung der durch einen UV-Blitz ausgelösten Primärelektronen (gestrichelte Kurve). E_0 – angelegtes Feld (ca. 9 kV), E_{RL} – Raumladungsfeld, z – Koordinate in der Achse der Entladung, zeigt auf die Anode.

T: a) 3,6 µs. b) 7,8 µs. c) 13,5 µs. d) 18,1 µs. [22].

wie man bei Berücksichtigung der starken Feldstärkeabhängigkeit von α erkennt.

Hinweise auf die Abnahme des effektiven Stoßionisierungskoeffizienten infolge des zunehmenden Raumladungseinflusses liefern Messungen von THOLL [17]. Abb. 7 zeigt ein Beispiel für Methan bei 400 Torr ($d = 3$ cm, $E/p = 35{,}25$ V/cm Torr; s. a. [23]).

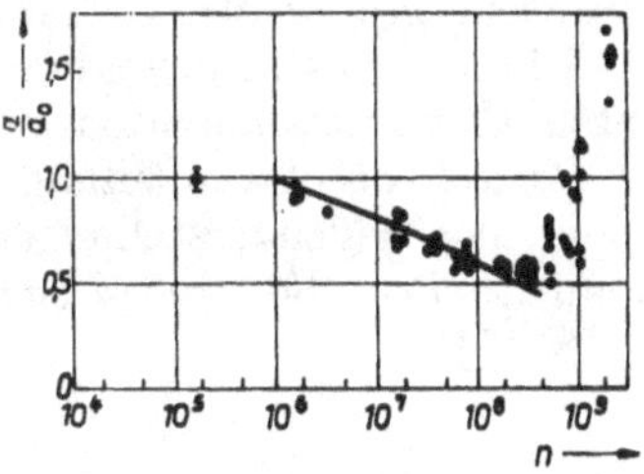

Abb. 7. α/α_0 als Funktion der Trägerzahl n in der Lawine in CH_4 bei 400 Torr.
α – effektiver Stoßionisierungskoeffizient,
α_0 – Stoßionisierungskoeffizient entsprechend E_0/p [17].

Bis etwa $n = 10^6$ entspricht der gemessene α-Wert dem von SCHLUMBOHM [18] für den betreffenden E_0/p-Wert angegebenen α_0. Für größere Trägerzahlen in der Lawine nimmt jedoch α linear mit $\ln n$ ab.

Diese Abnahme geht bis auf 50% des ursprünglichen Wertes; oberhalb von $n = 10^8$ nimmt α scheinbar wieder zu und erreicht sogar Werte $> \alpha_0$. Dieser experimentell ermittelte Anstieg ist jedoch nicht als eine Zunahme des Stoßionisierungskoeffizienten zu deuten, sondern hängt mit einem neuen Ionisierungsmechanismus infolge der nun einsetzenden Kanalentwicklung zusammen (s. Abschnitt 1.3.2.).

Für die Reduzierung von α erhält man folgende empirische Beziehung [17]:

$$\frac{\alpha}{\alpha_0} = 1 - H \ln \frac{n}{n_{RL}}, \tag{9}$$

wobei n_{RL} die Trägerzahl in der Lawine ist, bei der sich die Raumladungsbremsung bemerkbar macht, und H eine Konstante. Es gilt [16, 17]: Für N_2 $H = 0{,}066$ und $N = 1{,}4 \cdot 10^6$ und für Äther $H = 0{,}065$ und $N = 4 \cdot 10^5$.

Für $n > n_{RL}$ gilt dann für die Ladungsvermehrung

$$n(x) = n_{RL} \exp\left[\left(1 - e^{H(\ln n_{RL} - \alpha_0 x)}\right)/H\right]. \tag{10}$$

Während man im Bereich sehr großer Verstärkung ($n > 10^8$) das Verhalten der Elektronenlawine bzw. deren Folgeerscheinungen nur durch Computersimulation erfassen kann [62], ist es im Bereich der Raumladungsbremsung möglich, anhand einfacher Modellvorstellungen theoretische Überlegungen anzustellen. So ergibt sich etwa für die Stoßionisierung [8, 17]:

$$\frac{\alpha}{\alpha_0} = 1 - \lambda n$$

mit

$$\lambda = \frac{Bp}{E_0^2} \frac{q}{4\pi\varepsilon_0} \frac{\alpha_0}{r_L}, \tag{11}$$

wobei B die Konstante aus dem Exponentialansatz für α/p (s. (37)) und r_L der Lawinenradius ist. (Der Lawinenradius ist hier praktisch gleich dem Abstand der Schwerpunkte der positiven und negativen Raumladung gesetzt). Dabei wurde vorausgesetzt, daß $\alpha r_L \ll 1$, d.h. daß die Ionisierungsweglänge $\frac{1}{\alpha} \gg r_L$ (s. a. [19]). Ein Vergleich von (11) mit dem beobachteten Verhalten (9) zeigt, daß (11) nur für $n - n_{RL} \ll 1$ gilt. In diesem Bereich kann man dann nach (11) aus der gemessenen Absenkung der Trägervermehrung auf Lawinenradien schließen (s. Tab. 1).

Nur unwesentlich kleinere Werte werden für r_L in Methan erreicht. Für Methan liegen aber experimentell bestimmte „Diffusionsdurchmesser" der Lawinen bei Trägerzahlen von einigen 10^6 vor [15], die bei vergleichbaren Drücken (ca. 300 bis 400 Torr) ebenfalls Werte von

Tabelle 1
Stoßionisierungskoeffizient α, Lawinenradius und Elektronentemperatur in N_2 bei 400 Torr [17]

n	$4 \cdot 10^6$	10^7	$2 \cdot 10^7$	$4 \cdot 10^7$	$6 \cdot 10^7$	10^8
α/α_0	0,94	0,87	0,85	0,78	0,75	0,72
r_L [cm]	0,02	0,022	0,029	0,033	0,038	0,047
U_{th} [V]	2,1	2,4	3,8	5,0	6,3	9,3

einigen 10^{-2} cm liefern. Eine Verringerung des Druckes erhöht die radiale Ausdehnung (0,2 cm bei 21 Torr [15]).

Man kann also im Bereich der Raumladungsbremsung den Lawinenradius als diffusionsbestimmt ansehen. Daraus folgt die Möglichkeit einer Abschätzung der mittleren thermischen Energie der Elektronen und damit der Elektronentemperatur.

Aus der Diffusionstheorie ergibt sich für das Auseinanderlaufen von n Teilchen, die ursprünglich bei $y = 0$ konzentriert waren (y — Ortskoordinate), folgendes Dichteprofil $\varrho(y, t)$ zur Zeit t (eindimensional!) [21]:

$$\varrho(y, t) = \frac{n}{\sqrt{4\pi Dt}} \, e^{-y^2/4Dt}, \tag{12}$$

D — Diffusionskoeffizient.

Definiert man als Begrenzung dieser Teilchenwolke die Stelle, an der die Dichte auf 1/e des Maximalwertes abgeklungen ist, so erhält man für den „Radius" [2, 6]

$$y = 2\sqrt{Dt}. \tag{13}$$

Man kann nun näherungsweise t mit der Laufzeit der Lawine bis zu einer Stelle x identifizieren $\left(t = \frac{x}{v_-}\right)$ und y mit dem Lawinenradius $r_L = r_D$.

Für den Diffusionskoeffizienten D gilt unter der Voraussetzung einer MAXWELLschen Geschwindigkeitsverteilung die EINSTEINsche Beziehung

$$\frac{D}{b} = \frac{kT_e}{q} = \frac{2}{3} U_{\mathrm{th}} \tag{14}$$

mit b — Beweglichkeit der Elektronen, T_e — Elektronentemperatur und U_{th} — mittlere thermische Energie der Elektronen in V. Nach Einsetzen in (13) folgt

$$U_{th} = \frac{3}{8} \frac{r_D^2}{bt}. \tag{15}$$

In Tab. 1 sind einige Werte für die thermische Energie angeführt. Die Werte in Methan sind halb so groß wie die Werte für Stickstoff und stimmen damit — zumindest bei Trägerzahlen $< 10^7$ — mit früheren Angaben [15, 20] größenordnungsmäßig überein. Für $n > 10^7$ stimmt das verwendete Modell nicht mehr, so daß die Angaben zu groß erscheinen [17].

Richter 1964 [23] geht etwas anders an das Problem der Elektronentemperatur heran. Mit Hilfe von (15) eliminiert er r_D in (11) und erhält durch Anpassung an experimentell ermittelte Verläufe $\alpha(n)/\alpha_0$ im Bereich 60 V/cm Torr $\leqq E/p \leqq$ 200 V/cm Torr im Äther eine mittlere Elektronentemperatur von $eU_{th} = 3{,}5\,\text{eV} \pm 20\%$. Mit diesem Wert sind die Verläufe bis $n \approx 5 \cdot 10^6 - 10^7$ gut wiederzugeben.

Dieser Wert der thermischen Elektronenenergie liefert nun nach (15) Werte für den diffusionsbestimmten Lawinenradius im Bereich der Raumladungsbremsung, die vergleichbar mit den Angaben in Tab. 1 sind. Bemerkenswert ist auch hier wieder die Zunahme des Radius mit abnehmendem Druck; so ist bei 21 Torr und $E/p = 89$ V/cm Torr $r_D = 0{,}12$ cm.

Nach [15] kann man ferner den Diffusionskoeffizienten empirisch nach folgender Beziehung erfassen:

$$Dp \approx C_1\, E/p \quad (C_1 = \text{const.}). \tag{16}$$

Da für b gilt $b \cdot p \approx C_2 = \text{const.}$, folgt mit (14)

$$U_{th} \approx \frac{3}{2} \frac{C_1}{C_2} \frac{E}{p}, \tag{17}$$

d. h., bei Kenntnis der gasspezifischen Konstanten C_1 und C_2 folgt die Elektronentemperatur aus E/p.

Wenn die Trägerzahl in der Lawine die Größenordnung 10^8 erreicht, beobachtet man eine starke radiale Zunahme des Lawinenkopfes über die diffusionsbestimmten Werte hinaus. RAETHER [20] führte diese Lawinenverbreiterung auf elektrostatische Abstoßung im radialen Raumladungsfeld zurück und erhielt gute Übereinstimmung mit experimentellen Ergebnissen in der Nebelkammer.

Abb. 8 zeigt die Aufweitung des Lawinenkopfes in Abhängigkeit von der Trägerzahl [23]. r_D ist dabei etwa

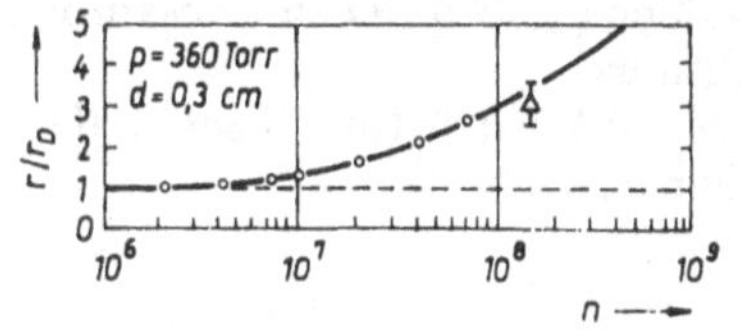

Abb. 8. Aufweitung des Lawinenkopfes r/r_D (r_D – Diffusionsradius) durch elektrische Abstoßung als Funktion der Trägerzahl n in der Lawine in CH_4, aus α/α_0-Verlauf geschlossen (Kreise), aus Übergangszeitmessung bestimmt (Dreieck), aus quantitativer Abschätzung der elektrostatischen Abstoßung berechnet (ausgezogene Kurve) [23].

0,02 cm. Bei Trägerzahlen von 10^9 kann danach der Radius bis auf etwa den fünffachen Wert des Diffusionsradius anwachsen, d. h., bei nicht zu hohen Drücken können Lawinenradien von einigen mm auftreten.

Die Zahl der Ladungsträger, die in einer Lawine maximal erreicht werden kann, hängt ab vom Stoßionisierungskoeffizienten α, der seinerseits von der Gasart, vom Druck und von E/p abhängt, sowie von der Länge der Entladungsstrecke d. Je kleiner das Produkt αd ist, desto geringer ist die maximale Trägerzahl in der Lawine.

Beim statischen Durchschlag hängt die Durchschlagsfeldstärke über das TOWNSEND-Kriterium ihrerseits von α, aber auch (in schwächerem Maße) von γ ab. In Gasen mit großem γ (z. B. N_2) ist der beim statischen Durchschlag erreichbare Stoßionisierungskoeffizient so klein, daß bei geringer Zahl der Startelektronen Verstärkungen von höchstens 10^4 erzielt werden. Will man hier größere Trägerzahlen beobachten, muß man mit Überspannung arbeiten. Ist γ extrem klein (z. B. in Methylal), so können Trägerzahlen bis zu $> 10^8$ beobachtet werden, bevor die Strecke durchschlägt [8].

Die maximal erreichbare Trägerzahl in der Lawine ist nun der Parameter, der die Art der weiteren Entwicklung der Entladung bestimmt. Man unterscheidet grob zwei Typen von Durchschlagsmechanismen:

1. Bei kleinen Trägerzahlen ($< 10^8$) Generationsaufbau oder TOWNSEND-Mechanismus.
2. Bei größeren Trägerzahlen ($> 10^8$) Kanalaufbau oder STREAMER-Mechanismus.

1.3. Die Durchschlagsmechanismen

1.3.1. Generationenaufbau bzw. Townsend-Mechanismus

Erreicht eine Lawine bei ihrer Ankunft an der Anode eine Trägerzahl $< 10^8$, so hängt die weitere Entwicklung der Entladung von der Möglichkeit ab, durch Sekundärprozesse an der Katode, im wesentlichen durch Fotoeffekt, Nachfolgelawinen, d. h. mehrere Generationen von Lawinen, zu bilden.

Der entscheidende Parameter, der den zeitlichen Ablauf solcher Lawinenketten bestimmt, ist $\mu = \gamma(e^{\alpha d} - 1)$. Wie bereits ausgeführt, wird für $\mu = 1$ (TOWNSENDsches Durchschlagskriterium) die Entladung selbständig, d. h., jede Lawine, die die Entladung an der Anode verläßt, sorgt durch Sekundäreffekte dafür, daß an der Katode gerade wieder ein Startelektron bereitsteht.

Falls $\mu < 1$, so erlischt die Entladung nach einer gewissen Zahl von Lawinennachfolgern. Dabei streut die Zahl der Nachfolger bei festem μ, wenn die Lawine nur durch ein Elektron oder wenige Elektronen gestartet wird. Abb. 9 gibt die Wahrscheinlichkeit $\varkappa_\nu$, daß eine Lawinenkette aus ν Generationen besteht, in Abhängigkeit von μ an [24].

Dazu wird zunächst die Wahrscheinlichkeit $w_n(\nu)$ berechnet, daß eine Lawine mit der Trägerzahl n gerade ν Sekundärelektronen auslöst. Diese Wahrscheinlichkeit

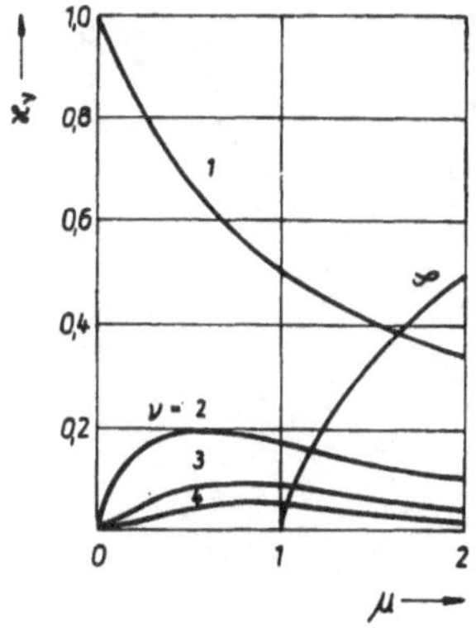

Abb. 9. Wahrscheinlichkeit $\varkappa_\nu$, daß eine Lawinenkette aus ν Generationen besteht, in Abhängigkeit von μ [24].

folgt einer POISSON-Verteilung mit dem Mittelwert $\bar{\nu} = \gamma n$, da es sich hierbei wegen des geringen Wertes von γ ($< 0{,}1$) um seltene Ereignisse handelt. Ferner wird berücksichtigt, daß die von der Lawine maximal erreichte Trägerzahl n ebenfalls Schwankungen unterworfen ist. Bei $\mu \ll 1$ gibt es praktisch keine Folgelawinen; mit zunehmendem μ vergrößert sich zunächst die Wahrscheinlichkeit für längere Lawinenketten, die aber bereits vor $\mu = 1$ wieder abnimmt zugunsten der jeweils noch längeren Ketten. Ab $\mu = 1$ ist die Möglichkeit unendlich langer Ketten gegeben; die Entladung ist selbständig.

Wird die Zahl der Anfangselektronen gesteigert ($n_0 \approx 10^3$; Auslösung mit UV-Impuls), so ist der Strom frei von statistischen Schwankungen. Abb. 10 zeigt den

Stromverlauf einer so gestarteten Lawinenkette für die drei Fälle $\mu \lesseqgtr 1$ [25].

In Abb. 10a ist $\mu < 1$. Nach 5 Generationen, die in ihrer Intensität etwa exponentiell abnehmen, reißt die

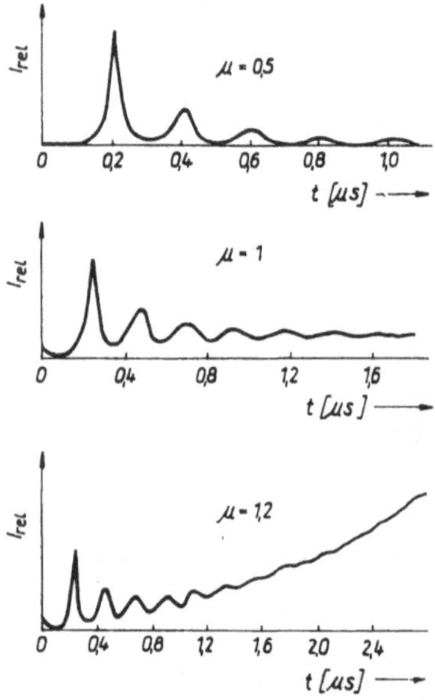

Abb. 10. Generationenaufbau bei verschiedenen μ-Werten, dargestellt anhand der Lichtemission aus der Entladung [25].

a) $N_2 + CH_4$, $p_{tot} = 282{,}5$ Torr, $\mu = 0{,}5$.
b) N_2, $p = 400$ Torr, $\mu = 1$.
c) N_2, $p = 400$ Torr, $\mu = 1{,}2$.

Lawinenkette ab (der zeitliche Verlauf des Entladungsstromes wurde anhand des emittierten Lichtes verfolgt!).

In Abb. 10b ist der Verlauf für $\mu = 1$ dargestellt. Entsprechend der Erfüllung des Townsend-Kriteriums erlischt der Strom nicht, sondern geht nach 5 bis 6 noch deutlich abgehobenen Generationen in einen konstanten mittleren Wert über.

Schließlich ist in Abb. 10c der Fall $\mu > 1$ zu sehen. Infolge der angelegten Überspannung konvergieren die Oszillationen gegen einen exponentiell ansteigenden Strom, der dann zum Durchbruch führt.

Der Stromverlauf beim Generationsmechanismus kann theoretisch recht gut erfaßt werden [25, 26, 27]. Dabei wird raumladungsfrei gerechnet, wie es für Trägerzahlen pro Lawine $< 10^6$ und etwa für die ersten fünf Lawinengenerationen gerechtfertigt ist, da bis dahin noch keine wesentliche Akkumulation der positiven Ionen erfolgt ist.

Man geht aus von den Kontinuitätsgleichungen nach TOWNSEND für die Elektronen und die Ionen:

$$\frac{\partial n_-}{\partial t} = -\frac{\partial j_-}{\partial x} + \alpha j_-, \qquad j_- = v_- n_-, \tag{18}$$

$$\frac{\partial n_+}{\partial t} = \frac{\partial j_+}{\partial x} + \alpha j_-, \qquad j_+ = v_+ n_+ \tag{19}$$

mit den Randbedingungen

$$j_-(0, t) = f(t), \qquad j_+(d, t) = 0. \tag{20}$$

Die Zeichen bedeuten im einzelnen:

n_-, n_+ — Konzentration der Elektronen bzw. Ionen,
j_-, j_+ — Stromdichte der Elektronen bzw. Ionen,
v_-, v_+ — Driftgeschwindigkeit der Elektronen bzw. Ionen,
$x = d$ — Ortskoordinate der Anode,
$f(t)$ — Stromdichte der Elektronen an der Katode.

Für den Elektronenstrom an der Katode gilt

$$f(t) = j_{-F}(t) + \gamma_i j_+(0, t) + \gamma_f \int_0^d j_-(x, t)\, \alpha(x, t)\, \mathrm{d}x. \tag{21}$$

$j_{-F}(t)$ ist hierbei die durch äußere Einwirkung (z. B. UV-Belichtung) an der Katode hervorgerufene Fremdstromdichte, γ_i bzw. γ_f sind die zweiten TOWNSENDschen Ionisierungskoeffizienten für die Nachlieferung von Elektronen durch das Auftreffen von Ionen bzw. Fotonen auf der Katode.

Je nach der Spezifizierung von $j_{-F}(t)$, γ_i und γ_f entsprechend realen experimentellen Bedingungen erhält man Lösungen für den Strom im äußeren Kreis (Start durch ein einzelnes Elektron, durch viele Primärelektronen, die durch einen kurzen UV-Blitz ausgelöst werden bzw. Start bei konstanter starker Bestrahlung; Nachlieferung nur durch Ionen oder nur durch Fotonen oder gemischter Nachlieferungsmechanismus).

Die Oszillationen des Stromes, die den einzelnen Generationen entsprechen, werden bezüglich Amplitude und Schwingungsdauer befriedigend wiedergegeben. Für die asymptotische Lösung, die vom Strom nach hinreichend langer Zeit erreicht wird, gilt insbesondere

$$I_-^{as}(t) = \text{const.} \qquad \text{für} \quad \mu = 1,$$

$$I_-^{as}(t) \sim \exp(\pm t/\tau) \quad \text{für} \quad \mu \gtrless 1 \tag{22}$$

mit $\tau = T_p/\ln \mu$ und $T_p = T_-(1 - 1/\alpha d)$ (T_- — Elektronenlaufzeit).

Nach Abb. 10b und nach (22) sollte der Strom für $\mu = 1$ einen konstanten Wert erreichen. Das gilt jedoch nur für einen begrenzten Zeitraum. Nach dem Ablauf einiger Generationen hat sich durch Akkumulation der positiven Ionen der Feldverlauf so verzerrt, daß gilt

$$\int_0^d \alpha(x, t)\,\mathrm{d}x > \alpha_0 d \tag{23}$$

und damit auch $\mu(t) > \mu_0$.

Es kommt dadurch für $\mu_0 = 1$ und sogar für $\mu_0 < 1$ nach einer gewissen Zeit zu einem steilen Stromanstieg [25, 28] (s. Abb. 11).

Der Berechnung des Überganges der TOWNSEND-Entladung in eine stromstärkere Entladungsform unter dem

Einfluß der Raumladung wurde eine ganze Reihe von Arbeiten gewidmet [29—37]. Ein Teil dieser Arbeiten behandelt diesen Übergang im stationären Falle, während sich die Arbeiten [34—37] auf den instationären Fall beziehen.

Von KÖHRMANN wurde 1959 in [35] mit einem relativ einfachen Modell eine analytische Lösung für den Stromanstieg gefunden, die die experimentellen Verläufe bis etwa 100 μA gut wiedergibt [38]. Dabei wird ebenso wie im raumladungsfreien Fall von den TOWNSENDschen Differentialgleichungen für die Produktion von Elektronen und Ionen ausgegangen und die POISSON-Gleichung $\varepsilon_0 \partial E/\partial x = e(n_+ - n_-)$ für die Raumladung hinzugenommen. Als Sekundäreffekt wird fotoelektrische Auslösung von Elektronen an der Katode betrachtet (s. Abb. 12).

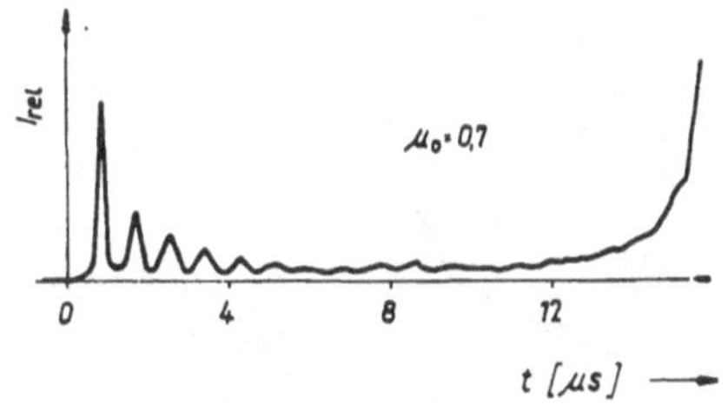

Abb. 11. Generationenaufbau mit Raumladungsanstieg in $Ar + CH_4$, $p_{tot} = 282{,}5$ Torr, $\mu_0 = 0{,}7$ [25].

1964 erweiterte KÖHRMANN [36] diesen Ansatz auf eine Vielzahl von Anfangsbedingungen, wie sie der experimentellen Praxis entsprechen. Es wurde festgestellt, daß alle zum Durchbruch führenden Stromanstiege unabhängig von den speziellen Bedingungen wie Einstrahlung oder Überspannung mit wachsender Stromstärke in einen einheitlichen Verlauf übergehen (s. Abb. 13). Die Rechnungen wurden bis zu Strömen von einigen 100 mA geführt; der dabei an der Entladungsstrecke auftretende Spannungsabfall beträgt bereits ca. 5%.

In der unmittelbar nachfolgenden Arbeit [37] verfolgte Köhrmann (1964) die Entladung rechnerisch bis zur Ausbildung eines Katodenfalles und zum Auftreten einer Ionisationswelle, wobei ein partieller Spannungszusammenbruch um ca. 20% mit einbezogen wurde. Der maximale Strom beträgt bis zu 10 A. Auf diese Entwicklungsphasen wird in Abschnitt 2.1. näher eingegangen.

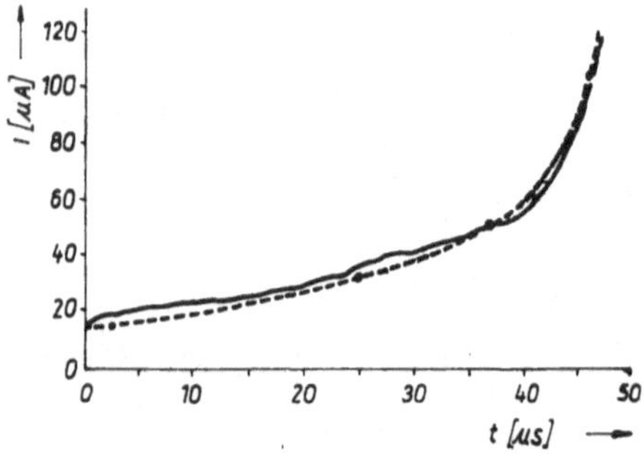

Abb. 12. Stromanstieg in trockener Luft, p = 198 Torr, beim statischen Durchschlag. Die theoretische Kurve ist gestrichelt eingetragen [35].

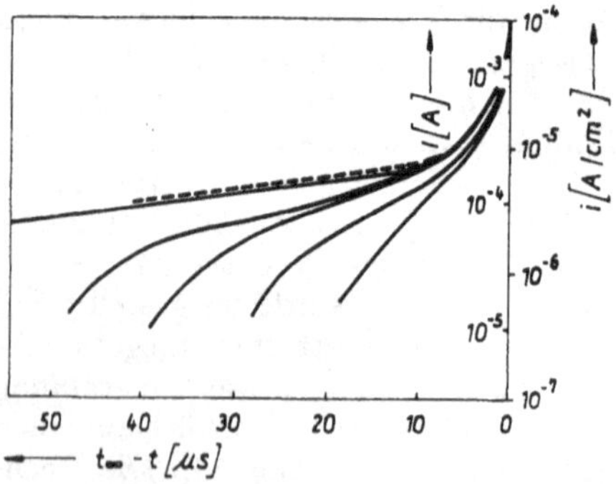

Abb. 13. Stromanstieg in trockener Luft, p = 724 Torr. Nachweis des asymptotischen Verhaltens des Stromverlaufs. Der berechnete Strom nach der asymptotischen Lösung ist gestrichelt eingetragen [36].

1.3.2. Kanalaufbau bzw. Streamer-Mechanismus

Erreicht die Elektronenlawine vor ihrer Ankunft an der Anode Trägerzahlen $\gtrsim 10^8$, so setzt offenbar ein vom TOWNSEND-Mechanismus qualitativ verschiedener Mechanismus ein. Der Lawinenkopf weitet sich zunächst auf, und dann wächst von der Lawine aus ein Kanal zur Anode vor, dessen Geschwindigkeit wesentlich höher als die Lawinengeschwindigkeit ist. Gleichzeitig läuft, ebenfalls mit hoher Geschwindigkeit, ein Kanal zur Katode, so daß die Strecke innerhalb einer Lawinenlaufzeit überbrückt ist [8, 20, 24, 39—43].

Während der Generationenaufbau bereits vor 10 Jahren mathematisch weitgehend behandelt war, gibt es in den letzten Jahren erste Versuche einer theoretischen Erfassung auch des Kanalaufbaus. Es liegt jedoch ein umfangreiches experimentelles Material vor, das eine sehr detaillierte phänomenologische Darstellung erlaubt. Wir wollen uns dabei insbesondere auf die Arbeiten von WAGNER 1966, 1967 [42, 43] stützen.

Phänomenologie des Kanalaufbaus. Mit modernen optoelektronischen Geräten, wie Bildverstärkern und Bildwandlern mit Bildablenkung untersuchte WAGNER seit 1962 praktisch in direkter Fortführung der RAETHERschen Arbeiten in der Nebelkammer rund 20 Jahre früher die Entwicklung des Kanalaufbaus. Diese Untersuchungen ergänzten und erweiterten die Experimente von PFAUE und RAETHER 1959 [44] nach der elektrischen Methode (s. [8]) und von THOLL 1963, 1964 [45, 46] nach der optischen Methode (s. [8]). Die hier genannten Methoden dienen zur Verfolgung der Entwicklung der Lawinen in der Entladungsstrecke. Sie benutzen unterschiedliche physikalische Effekte und ergänzen sich daher [8].

Die *Nebelkammermethode* beruht auf der Wirkung der von der Lawine erzeugten Ionen als Kondensationskerne. In einer übersättigten Atmosphäre wird so die räumliche Verteilung des Ionisationsgeschehens sichtbar gemacht.

Die *elektrische Methode* beruht auf einer Messung des von den Lawinen erzeugten Stromes im Außenkreis. Sie liefert eine unmittelbare Information.

Die *optische Methode* bestand ursprünglich in der Beobachtung der durch unelastische Stöße der Elektronen mit den Atomen verursachten Emission mit Hilfe eines SEV's. Man erhält so eine Information über die zeitliche Entwicklung der driftenden Elektronen am Beobachtungsort. Verwendet man anstelle des SEV's einen Bildwandler mit Bildverstärker, so kann man die gesamte raum-zeitliche Entwicklung der Elektronenlawine verfolgen.

Aus diesen Untersuchungen ergibt sich folgendes Bild: Bis zu einer Trägerzahl von 10^6 entwickelt sich die Lawine nach dem Exponentialgesetz $n = n_0 \exp(\alpha x)$ (n_0 – Zahl der Startelektronen); dabei bewegt sie sich mit der Driftgeschwindigkeit der Elektronen v_- auf die Anode zu. Trägerzahlen $> 10^6$ führen zu einer merklichen Raumladung in der Strecke, die α effektiv reduziert [17]. Die thermische Energie der Elektronen liegt in diesem Stadium bei etwa 5 eV — wie bereits früher erwähnt (falls man eine MAXWELLsche Geschwindigkeitsverteilung annehmen kann).

Wird nun die kritische Trägerzahl von etwa 10^8 überschritten, so kann man im Anschluß an das Lawinen-

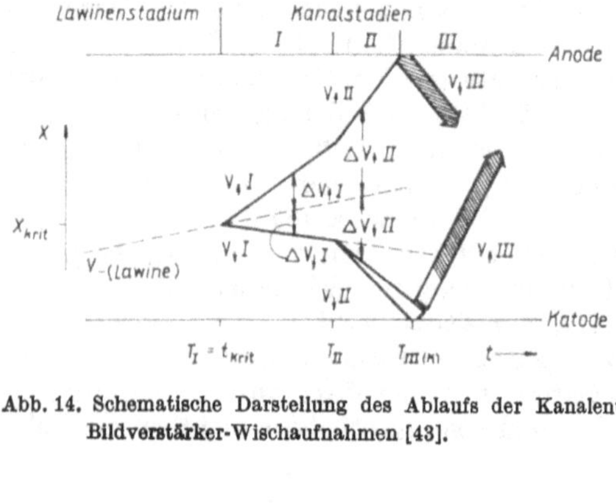

Abb. 14. Schematische Darstellung des Ablaufs der Kanalentwicklung nach Bildverstärker-Wischaufnahmen [43].

stadium mehrere Stadien der Kanalentwicklung unterscheiden (s. Abb. 14).

Stadium I: Im Gegensatz zu früheren Vorstellungen [8, 20, 24, 39–41, 47] beginnen zur Zeit $T_{\mathrm{I}} = t_{\mathrm{krit}}$ ein anoden- und ein katodengerichteter Kanal *gleichzeitig* mit ihrem Vorwachsen (auf die Anode mit $v_{\uparrow \mathrm{I}}$ und auf die Katode mit $v_{\downarrow \mathrm{I}}$). Die Vorwachsgeschwindigkeiten liegen beide erheblich über der Driftgeschwindigkeit der Elektronen v_-; bezieht man sie auf ein mitdriftendes Bezugssystem, so sind sie etwa gleichgroß, d. h., es gilt:

$$\Delta v_{\uparrow} = v_{\uparrow \mathrm{I}} - v_- \approx v_{\downarrow \mathrm{I}} + v_- = \Delta v_{\downarrow}\,. \tag{24}$$

Die Geschwindigkeiten im Stadium I liegen bei einigen 10^7 cm/s ($v_{\uparrow \mathrm{I}}$).

Stadium II: Ist die Entladungsstrecke hinreichend lang (einige cm), so erhöht sich zu einem späteren Zeitpunkt die Geschwindigkeit in beiden Kanalzweigen praktisch gleichzeitig auf Werte von etwa $1 \cdot 10^8$ cm/s ($v_{\uparrow \mathrm{II}}$).

Stadium III: Erreicht einer der Kanalzweige die betreffende Elektrode, so läuft eine sehr intensiv leuchtende Front mit nochmals erhöhter Geschwindigkeit im Kanal zurück bis zur Gegenelektrode oder — wenn sich der andere Kanal noch im Stadium II befindet, bis zu dessen Ende, wonach sich die Geschwindigkeit (v'_{II}) noch einmal merklich erhöht. Im Stadium III erreicht $v_{\uparrow \mathrm{III}}$ Werte von einigen 10^8 bis $1 \cdot 10^9$ cm/s.

Eine Bestätigung dieses Ablaufes der Kanalentwicklung liegt für eine ganze Reihe von Gasen bis zu Drücken von 300–500 Torr vor, so für N_2, H_2, Ar, CH_4, CO_2, CO und Luft.

Eine Diskussion dieser Ergebnisse erfolgt im Rahmen der von Raether 1939, 1940 [39, 40] und von Loeb und Meek 1940 [48, 49] entwickelten Modellvorstellungen. Danach steigt das Raumladungsfeld der Lawine mit Annäherung an die kritische Trägerzahl auf Werte an, die mit dem von außen angelegten Feld vergleichbar werden. Vor der Elektronenlawine ist das Feld überhöht (Abb. 15).

Gasionisierende Strahlung erzeugt in diesem Bereich freie Elektronen, die auf Grund der starken Feldstärkeabhängigkeit von α viel wirksamer ionisieren als die Elektronen im Lawinenzentrum, in dem das Feld geschwächt ist. Diese außerhalb erzeugten Elektronen sorgen nun ihrerseits wieder für eine Verschiebung der Feldstärkeüberhöhung zur Anode hin und für eine gasionisierende

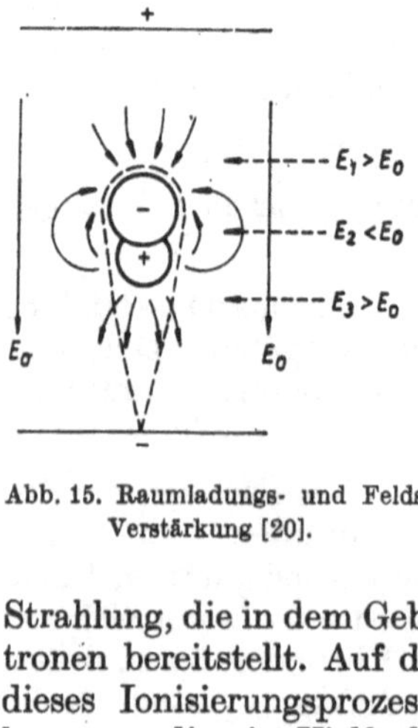

Abb. 15. Raumladungs- und Feldstärkeverteilung bei einer Lawine größerer Verstärkung [20].

Strahlung, die in dem Gebiet überhöhter Feldstärke Elektronen bereitstellt. Auf diese Weise kann sich die Front dieses Ionisierungsprozesses mit einer Geschwindigkeit bewegen, die ein Vielfaches der Driftgeschwindigkeit v_- beträgt.

Aber auch der katodengerichtete Kanal läßt sich auf Grund dieser Vorstellung von der Verlegung des Ionisierungsschwerpunktes unter Mitwirkung von Fotoionisation verstehen.

Das Stadium II wird nach WAGNER [43] durch Sekundärlawinen verursacht, die durch Fotoemission an der Katode ausgelöst werden (sog. „Fotonachfolger"). Erreichen solche Sekundärlawinen den Kanal im Stadium I, dann erfolgt eine starke Beschleunigung der Leuchtfront nicht nur in Richtung auf die Katode, sondern auch auf die Anode zu. Die katodenseitige Beschleunigung geschieht durch die Mitwirkung der Elektronen der Sekundärlawine, die eine zusätzliche Verschiebung der Feldüberhöhung im Lawinenschwanz auf die Katode zu bewirken. Daß nahezu gleichzeitig am anderen Ende eine Beschleunigung in Richtung Anode einsetzt, kann nur durch eine sehr schnelle Änderung der Feldverteilung beim Eintreffen der Sekundärlawine am katodenseitigen Kanalende erklärt werden, die dazu führt, daß das anodenseitige Frontfeld erhöht wird.

Nach einer neueren Arbeit von Reininghaus (1972) [50] trifft diese Erklärung jedoch nicht voll zu; seine Experimente zeigen, daß Sekundärlawinen keinen wesentlichen Einfluß auf das schnelle Stadium der Kanalentwicklung haben (Stadium II), zumindest was den katodengerichteten Kanal betrifft. Eine Interpretation für das Stadium II wird jedoch nicht angeboten, sondern lediglich auf einen möglichen Zusammenhang mit der Raumladungs- und Feldverteilung hingewiesen (s. jedoch [52]).

Trifft der Kanal oder Streamer an einer Elektrode ein, so startet von dort eine sehr schnelle Ionisierungswelle mit steiler Front in den schwach ionisierten Kanal hinein (Stadium III). Diese Ionisierungswellen, die den Spannungszusammenbruch und den Beginn des wesentlichen Energieumsatzes einleiten, laufen mit konstanter Geschwindigkeit durch den Kanal und zeigen keine wesentliche Änderung, wenn sie sich im Kanal treffen und passieren.

Während die Geschwindigkeit der katodengerichteten Welle stark mit der Feldstärke zunimmt, verringert sich die der anodengerichteten etwas (Koppitz 1971 [51]). Beide Fronten erzeugen neue, noch schnellere Fronten, wenn sie an den Elektroden eintreffen.

Bedingungen für das Auftreten des Kanalaufbaus. Bisher haben wir die Bedingungen für das Auftreten des einen oder anderen Mechanismus lediglich durch die in einer Lawine bei Ankunft an der Anode erreichte Trägerzahl charakterisiert. Bis zu Trägerzahlen $< 10^8$ findet man den

TOWNSEND-Mechanismus; bei Trägerzahlen $\gtrsim 10^8$ tritt Kanalaufbau auf.

Unter welchen Verhältnissen treten nun solche Trägerzahlen auf und wie ist der Zusammenhang mit dem jeweiligen Durchschlagskriterium?

In Abschnitt 1.1. wurde gezeigt, daß das TOWNSENDsche Durchschlagskriterium (6) identisch ist mit der Bedingung für die selbständige Entladung, d. h., bei Erfüllung des Kriteriums wird durch Sekundärprozesse dafür gesorgt, daß für jedes Elektron, das an der Katode startet, nach Ablauf eines Lawinenprozesses wieder ein neues Elektron an der Katode bereitsteht ($\mu = 1$).

Diese Betrachtungsweise gilt jedoch nur solange, wie Sekundärprozesse noch eine wesentliche Rolle spielen, d. h. für Trägerzahlen $< 10^8$. Größere Trägerzahlen werden beim statischen Durchschlag in den üblicherweise verwendeten Gasen von vornherein nicht erreicht (HESS 1973 [59]). Entsprechend den Werten von γ folgt aus (6) für die Trägerzahl, die bei Auslösung nur eines Elektrons an der Katode bis zum statischen Durchschlag in einer Lawine maximal erreicht werden kann: $e^{\alpha d} \approx 10^4$ [17] (nach (6) gilt beim statischen Durchschlag $e^{\alpha d} \approx 1/\gamma$).

Erst durch die Beimengung organischer Dämpfe kann man erreichen, daß α bereits beim statischen Durchschlag so hohe Werte annimmt, daß die Verstärkung bis auf Werte von etwa $\gtrsim 10^8$ ansteigt. Dies wird durch die von den organischen Zusätzen verursachte starke Herabsetzung von γ bewirkt [23].

Da α stark von der Feldstärke abhängt, genügt es jedoch in vielen Fällen, mit einer gewissen Überspannung zu arbeiten, um höhere Trägerzahlen und damit den Bereich des Kanalaufbaus zu erreichen. Ebenso kann dies durch Auslösung einer sehr großen Zahl von Startelektronen ($\gtrsim 10^4$) erreicht werden.

Der Wert der kritischen Trägerzahl, der von der Lawine überschritten werden muß, damit Kanalaufbau eintritt, läßt sich folgendermaßen herleiten [8, 40]:

Man nimmt an, daß die Kanalentwicklung einsetzt,

wenn das Raumladungsfeld der Lawine E_{RL} vergleichbar wird mit dem „angelegten" Feld E_0.

Mit dem Ansatz für das Raumladungsfeld (s. (8))

$$E_{RL} = \frac{q n_0 \, e^{\alpha x}}{4\pi\varepsilon_0 r_L{}^2} \tag{25}$$

und für den Lawinenradius (s. (13))

$$r_L{}^2 = 4Dt = 4Dx/v_- \tag{26}$$

folgt mit der EINSTEINschen Beziehung (14) für den Lawinenradius

$$r_L{}^2 = 4D \frac{x}{bE_0} = \frac{8U_{\text{th}}}{3E_0} x, \tag{27}$$

und mit $E_{RL} = E_0$ folgt für die kritische Trägerzahl

$$n_{\text{krit}} = n_0 \, e^{\alpha x_{\text{krit}}} = \frac{32\pi\varepsilon_0 U_{\text{th}}}{3q} x_{\text{krit}}. \tag{28}$$

Nun läßt sich die Bedingung für den Durchschlag mit Kanalaufbau genauer formulieren. Für $x_{\text{krit}} = d$ erhält man offensichtlich das Minimum von α bzw. der Feldstärke, bei dem Kanalaufbau in der gegebenen Entladungsstrecke möglich ist. Die Bedingung

$$\ln n_0 + \alpha d = \ln \frac{32\pi\varepsilon_0 U_{\text{th}}}{3q} d \tag{29}$$

liefert daher die Feldstärke für den statischen Durchschlag, vorausgesetzt der Durchschlag ist nicht bereits bei geringerer Feldstärke nach dem TOWNSEND-Mechanismus erfolgt.

Man kann also in Erweiterung des üblicherweise verwendeten RAETHERschen Kriteriums ([8], S. 131)

$$e^{\alpha d} \geqq 10^8 \, d \, \text{cm}^{-1} \tag{30}$$

folgende Aussage treffen:

Der statische Durchschlag findet dann und nur dann nach dem Mechanismus des Kanalaufbaus statt, wenn gilt:

$$\frac{32\pi\varepsilon_0 U_{\text{th}}}{3qn_0}\, d \leqq e^{\alpha d} < \gamma^{-1}. \tag{31}$$

Setzt man Zahlenwerte ein und wählt für $U_{\text{th}} = 5{,}4$ V (s. Tab. 1), so erhält man

$$\frac{10^8}{n_0}\, d \leqq e^{\alpha d} < \gamma^{-1}, \tag{32}$$

d. h., der statische Durchschlag findet nur bei extrem kleinen Werten von γ oder bei einer großen Zahl von Startelektronen nach dem Kanalmechanismus statt [59].

Daß das empirisch gefundene Kriterium $n_0 e^{\alpha d} \gtrsim 10^8$ die Länge der Entladungsstrecke d auf der rechten Seite nicht enthält, beruht auf den Umstand, daß die Experimente i. a. bei $d \approx 1$ cm durchgeführt wurden und α bzw. in noch stärkerem Maße die Feldstärke nur sehr schwach von d an dieser Stelle des Ausdrucks (32) abhängen.

Computermodelle für den Kanalaufbau. In den letzten Jahren wurde begonnen, die Streamerentwicklung durch Computersimulation theoretisch zu erfassen ([52], [53], [62], [197—199]). Wir wollen uns zunächst den Arbeiten von Kline und Siambis 1971 [198, 199] und 1972 [62] zuwenden. Die Autoren gehen aus von einer Entladungsstrecke zwischen parallelen ebenen Elektroden und verfolgen simultan die Bahnkurven einer großen Anzahl von Elektronen in einem zunächst konstanten elektrischen Feld in Stickstoff.

Das Modell ist eindimensional im Ortsraum, aber dreidimensional im Geschwindigkeitsraum. Die Simulationsteilchen (10^2 bis 10^3) sind Schichten, die eine oder mehrere Elementarladungen pro cm^2 tragen. Die vereinfachende Annahme eines eindimensionalen Ortsraumes und eines eindimensionalen Feldes ist nach Angaben der Autoren nur für niedrige Drücke ($p \gtrsim 40$ Torr) gerechtfertigt, da nur dann ein linearer leitender Kanal erhalten wird. Die Ionen werden für die Berechnung von Einzellawinen und Streamern als unbeweglich angenommen.

Eine Gruppe von Elektronen mit geringer Energie (0,5 eV) startet bei $t = 0$ an der Katode. Die Positionen der Elektronen und ihre Geschwindigkeiten parallel und senkrecht zum Feld werden zu jeder Zeit $t_k = k\Delta t$ berechnet. Dazu wird zunächst unter Verwendung bekannter Werte für die Stoßquerschnitte die Wahrscheinlichkeit für einen Stoß mit einem Neutralteilchen berechnet und mit einer Zufallszahl verglichen, um zu entscheiden, ob das Elektron in dem Zeitintervall zwischen t_k und t_{k+1} tatsächlich stößt. Für den Fall eines Stoßes werden relative Wahrscheinlichkeiten für elastische und die verschiedenen unelastischen Stöße ermittelt, und durch Vergleich mit einer weiteren Zufallszahl wird die Art des Stoßes bestimmt. Es wird isotrope Streuung angenommen und der neue Richtungskosinus ebenfalls mit Hilfe von Zufallszahlen bestimmt.

Das elektrische Feld wird durch Lösung der eindimensionalen Poisson-Gleichung ermittelt. In diesem Feld werden die Elektronen während der Zeitspanne Δt beschleunigt und die bei t_{k+1} erreichten Positionen und Geschwindigkeiten sind Ausgang einer erneuten Berechnung des Einflusses von Stößen während des anschließenden Zeitintervalls etc.

Damit es zum elektrischen Durchschlag kommt, ist ein Sekundärmechanismus notwendig, der für eine ständige Nachlieferung von Elektronen sorgt. Die Autoren interessieren sich speziell für den Kanalaufbau, und sie nehmen an, daß der Sekundärmechanismus in diesem Falle durch Fotoionisation im Volumen realisiert wird. Penney und Hummert [200] haben gezeigt, daß die Rate der Fotoionisation in der Umgebung einer Lawine proportional zur Rate der ionisierenden Elektron-Molekülstöße ist. Man kann daher die Ergebnisse der bisher erläuterten Rechnungen von Kline und Siambis, zu denen auch die Ionisationsrate gehört, verwenden, um die Fotoionisation abzuschätzen. Dazu ist dann allerdings die Beschränkung auf einen gewissen Bereich um die Entladungsachse notwendig; die Autoren wählten hierfür einen Radius von 0,5 cm.

Die Ergebnisse der Computersimulation unter Einbeziehung der Fotoionisation werden anhand der Bildwandleraufnahmen von WAGNER 1966 [42] diskutiert. Ebenso wie im Experiment ergibt sich zunächst eine Ausbreitung mit der Driftgeschwindigkeit der Elektronen. Hat die Lawine eine Trägerzahl von etwa 10^9 erreicht, so nimmt die Geschwindigkeit der vorderen, anodengerichteten Leuchtfront stark zu, während die hintere Begrenzung des leuchtenden Lawinenbereiches ihre Richtung umkehrt und sich zur Katode zurückbewegt. Dies entspricht qualitativ den WAGNERschen Ergebnissen (s. Abb. 14). Ein quantitativer Vergleich ist wegen des gegenüber den Experimenten um mehr als das Zehnfache geringeren Druckes (1 Torr) nicht möglich.

Ohne Berücksichtigung der Fotoionisation im Volumen findet die Beschleunigung nicht statt; die Ausbreitung erfolgt auch nach Erreichen der kritischen Trägerzahl in der Lawine weiter mit der Driftgeschwindigkeit. Aus diesem Ergebnis der Rechnungen von KLINE und SIAMBIS 1972 [62] kann man nun jedoch noch nicht schließen, daß die Fotoionisation im Volumen der wesentliche Mechanismus für die Streamer-Entwicklung ist — wie dies die Autoren tun —, da ja für den Sekundärmechanismus von vornherein keine Konkurrenzprozesse zugelassen werden. Der einzige zunächst mögliche Schluß, den diese Arbeit zuläßt, ist der, daß die Annahme von Fotoionisation im Volumen hinreichend ist zur Erklärung der Streamer-Entwicklung.

DAVIES, DAVIES und EVANS 1971 [197] erhielten bei ihren Rechnungen jedoch ebenfalls eine beschleunigte Ausbreitung der Leuchtfronten in Richtung auf die Elektroden, obwohl sie von einer Fotoionisation im Volumen völlig absahen und als Sekundärmechanismus nur Fotoemission an der Katode annahmen. Sie führten ihre Rechnungen für Stickstoff bei $p_0 = 91$ Torr und $E_0/p_0 = 62$ V/cm Torr durch und hatten so die gleichen Bedingungen, wie sie bei einigen Experimenten von WAGNER 1966 [42] vorlagen. Die Übereinstimmung bezüglich der maximal erreichten Streamergeschwindigkeiten ist recht gut. Dieses Ergebnis zeigt, daß die Fotoionisation im Volumen nicht der einzige Mechanismus ist, der zur Erklärung der Streamer-Entwicklung herangezogen werden kann. Ob sie der für die Streamer-Entwicklung allein entscheidende Prozeß ist — wie es von der RAETHER-Schule behauptet wird — oder ob die auf TOWNSEND zurückgehenden Sekundärprozesse an der Katode völlig ausreichen für eine solche Entwicklung — wie es von der Gruppe in SWANSEA [197] vertreten wird, oder ob schließlich der Streit müßig ist und ein kombinierter Sekundärprozeß mit bedingungsabhängigen Anteilen vorliegt, muß durch gezielte Experimente geklärt werden.

Das Experiment von TIMM 1973 [201] stellt einen ersten Schritt in dieser Richtung dar: In einer langen Strecke (11 cm) werden fern von den Elektroden durch einen Laserfokus etwa 10^8 Elektronen ausgelöst, so daß ohne Lawinenentwicklung sofort die Streamerausbildung beginnt. Ein Einfluß von Fotonachfolgern von der Katode ist zunächst ausgeschlossen. Damit ist gezeigt, daß in Übereinstimmung mit den Rechnungen von KLINE und SIAMBIS 1972 [62] Fotoionisation im Volumen eine Streamerentwicklung bewirken kann.

Zu einer vergleichbaren Aussage gelangt man anhand einer experimentellen Untersuchung des Überganges von der Korona-Entladung zum Funken. LOEB, WESTBERG und HUANG 1961 [202] hatten festgestellt, daß die dabei üblicherweise auftretenden Streamer bei extremer Reinheit des verwendeten atomaren Gases (Ar) ausblieben. Dieser Effekt wurde auf die geringe Effektivität der Ionisation in einem atomaren Gas durch „eigene“ Fotonen zurückgeführt, wenn geeignete Verunreinigungen fehlen (LOEB 1965 [203], S. 285 ff.). Ähnlich wie bei TIMM spielen hier andere Sekundärprozesse wegen der Geometrie der

Korona-Entladung keine Rolle, so daß auch hier nur gezeigt werden konnte, daß Fotoionisation im Volumen hinreichend für die Streamer-Entwicklung ist.

Ein für die Diskussion entscheidendes Experiment ist bisher noch nicht durchgeführt worden: Im homogenen Feld in einem extrem reinen Edelgas, etwa in Ar, wird der Durchschlag unter Bedingungen untersucht, die üblicherweise zu einem Streamer führen, d. h. hinreichender Überspannung. Tritt der Streamer nach der Reinigung des Argons nicht mehr auf, obwohl die Sekundärprozesse an der Katode voll wirksam werden, so ist eine eindeutige Zuordnung von Streamerausbildung und Fotoionisation im Volumen gelungen. Die Rechnungen von Davies u. a. 1971 [197] würden in diesem Falle dann offenbar doch unter der im wesentlichen eindimensionalen Betrachtungsweise leiden und die Abläufe nicht korrekt beschreiben.

Zu erwähnen sind noch Rechnungen von Galimberti 1972 [53] und Reininghaus 1973 [52], die sich auf den katodengerichteten Streamer beziehen und ebenfalls praktisch eindimensional geführt werden. Sie liefern für unsere oben geführte Diskussion keine neuen Argumente. Ferner sind in diesem Zusammenhang Arbeiten von Koppitz 1972 [60] und 1973 [61] von Interesse, dem es durch großflächige Belichtung einer präparierten Katode auch bei hoher Überspannung gelang, Entladungen mit großem Querschnitt zu erzielen. Dadurch kommen die Experimente in größere Nähe zu den vorwiegend eindimensional geführten Modellrechnungen.

Aufbauzeit. Im Zusammenhang mit dem Übergang zum Kanalaufbau bei zunehmender Überspannung spielt die Aufbauzeit der Entladung als ein experimentelles Kriterium eine wesentliche Rolle. Die Zeit, die vom Anlegen einer Spannung $U \gtrsim U_D$ (Durchschlagsspannung) an eine Entladungsstrecke (idealerweise in Form einer Sprungfunktion) bis zum Beginn des Spannungszusammenbruches vergeht, setzt sich i. a. aus zwei Anteilen zusammen.

Zunächst einmal vergeht eine — statistisch schwankende — Zeitspanne, bis ein geeignetes freies Elektron in der Strecke auftritt, das einen Lawinenprozeß einleiten kann — die statistische Verzögerungszeit (statistical time lag). Daran schließt sich eine vergleichsweise konstante Zeitspanne an, die für den Aufbau der Entladung, d. h. für die Herstellung einer leitenden Verbindung zwischen den Elektroden, benötigt wird — die Aufbauzeit (formative time lag). Durch die Bereitstellung von Startelektronen, etwa durch eine UV-Bestrahlung der Katode, kann man die statistische Verzögerungszeit weitgehend eliminieren. Es bleibt die für den Aufbau notwendige Zeit. Da der TOWNSEND-Mechanismus mehrere Lawinengenerationen für den Durchschlag benötigt, die Aufbauzeit im Falle des Streamer-Mechanismus jedoch in erster Näherung mit der Laufzeit einer Lawine bis zur kritischen Verstärkung $e^{\alpha x_{krit}} \approx 10^8$ ($\alpha x_{krit} \approx 18$) gleichbesetzt werden kann, sollten beim Übergang zum Kanalaufbau die Aufbauzeiten sprunghaft abnehmen.

Entsprechende Messungen von KÖHRMANN [54—57] sind ungeachtet der Polemik von LLEWELLYN-JONES noch 1967 ([3], S. 82) als gesichert anzusehen, und ihre Interpretation als Ausdruck des Überganges zum Kanalmechanismus ist allgemein akzeptiert (s. a. [58]).

Abb. 16 zeigt den Verlauf der Aufbauzeit in Abhängigkeit von der Überspannung für Stickstoff bei 500 Torr. Bei einer Überspannung von etwa 20% tritt eine sprunghafte Verringerung der Aufbauzeit um etwa 50% ein. Neben den Meßwerten, die mit ihrem Streubereich eingetragen sind, werden theoretische Verläufe angegeben. Die mit T bezeichnete Kurve entspricht der Aufbauzeit beim TOWNSEND-Mechanismus, wobei angenommen wurde, daß die Sekundärelektronen durch Fotoeffekt an der Katode erzeugt werden. Für die Berechnung der Kurve T', die bei kleinen Überspannungen eine wesentlich bessere Übereinstimmung mit den Messungen zeigt, wurde angenommen, daß Ionen zu 5% am Sekundärmechanismus beteiligt sind.

Entsprechend den gemessenen Aufbauzeiten erstreckt sich der TOWNSEND-Mechanismus bis zu einer kritischen Überspannung $\Theta_{\mathrm{krit}} = \Delta U_{\mathrm{krit}}/U_D$, die bei der kritischen Verstärkung der Lawine $e^{\alpha d} \gtrsim 10^8$ erreicht wird. Die

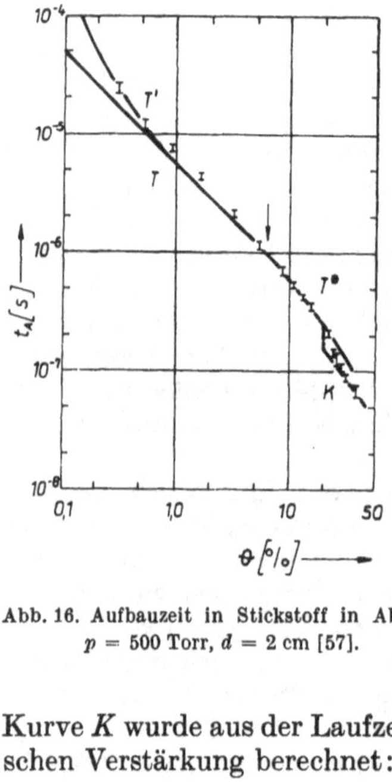

Abb. 16. Aufbauzeit in Stickstoff in Abhängigkeit von der Überspannung; $p = 500$ Torr, $d = 2$ cm [57].

Kurve K wurde aus der Laufzeit der Lawine bis zur kritischen Verstärkung berechnet:

$$t_A = \frac{x_{\mathrm{krit}}}{v_-} = \frac{18}{\alpha v_-}. \tag{33}$$

Dabei ist v_- die Driftgeschwindigkeit der Elektronen. Die Kurve T^*, deren Beginn in Abb. 16 durch einen Pfeil markiert ist, stellt Berechnungen der Aufbauzeit nach dem TOWNSEND-Mechanismus auch für $\Theta > \Theta_{\mathrm{krit}}$ dar. Aus einem Vergleich mit den Meßwerten folgt, daß dieser Mechanismus hier nicht mehr anwendbar ist.

In Tab. 2 sind einige kritische Überspannungswerte für verschiedene Gase angeführt. $\Theta_{\text{krit.}}$ nimmt mit zunehmendem pd ab; die sprunghafte Abnahme der Aufbauzeit findet bei Werten von einigen 10^{-7} s statt.

Tabelle 2

Kritische Überspannungswerte für verschiedene Gase [57]

	p [Torr]	d [cm]	pd [Torr cm]	$\Theta_{\text{krit.}}$ [%]
H_2	500	2	1000	16,6
N_2	500	2	1000	18,2
N_2 [46]	400	3	1200	17
Luft	760	1	760	4,5

Parallel zu der sprunghaften Abnahme der Aufbauzeiten wurde noch eine weitere markante Änderung im Verhalten der Entladung beim Übergang zum Kanalmechanismus gefunden: bei kleinen Überspannungen tritt im Verlauf des Spannungszusammenbruchs eine deutliche Stufe auf, die bei Überschreiten des kritischen Wertes verschwindet [22, 24]. Dabei ist die Höhe des Plateaus von der Überspannung unabhängig, während die Dauer mit zunehmender Überspannung abnimmt. Diese Erscheinung wird später noch ausführlich diskutiert werden; hier sei lediglich darauf hingewiesen, daß sie mit dem Auftreten einer Glimmentladungsphase während des Spannungszusammenbruchs in Verbindung gebracht wird, die nur bei Einleitung der Entladung durch den TOWNSEND-Mechanismus auftritt.

1.4. *Die Durchschlagsspannung*

1.4.1. *Zur Berechnung der statischen Durchschlagsspannung*

Ein theoretischer Zugang zur Durchschlagsspannung muß über das jeweils gültige Durchschlagskriterium führen.

Für den Generationenmechanismus gilt das TOWNSENDsche Kriterium (s. (6))

$$\gamma(e^{\alpha d} - 1) = 1.$$

Wegen $e^{\alpha d} \gg 1$ gilt $e^{\alpha d} \approx \gamma^{-1}$ bzw. $\alpha d \approx \ln \gamma^{-1}$. Da γ vergleichsweise schwach von E/p abhängt (s. Abb. 17—21),

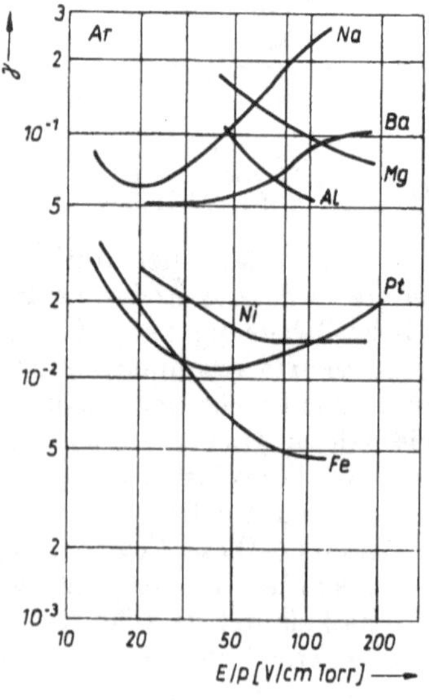

Abb. 17. γ in Argon mit verschiedenen Katodenmaterialien [87].

kann man $\ln \gamma^{-1}$ näherungsweise als konstant ansetzen, wobei der Wert von γ für die verschiedenen Katodenmaterial-Gas-Kombinationen zwischen etwa 10^{-9} und 10^{-1} variiert, d. h. $\ln \gamma^{-1}$ zwischen etwa 2 und 20. Unter Verwendung der üblichen Parameterkombinationen lautet dann das TOWNSEND-Kriterium für den statischen Durchschlag

$$\frac{\alpha}{p} \approx \frac{2{,}3 \lg \gamma^{-1}}{pd}. \tag{34}$$

Von dieser Form geht man aus, wenn man die Durchschlagsspannung berechnen will und α/p als Funktion von E/p nicht analytisch, sondern numerisch vorliegt, entweder aus Experimenten oder aus Rechnungen.

Das RAETHERsche Kriterium für den Kanalaufbau mit einem Startelektron lautet $\alpha d \approx 18$ (s. (30)). Nach Um-

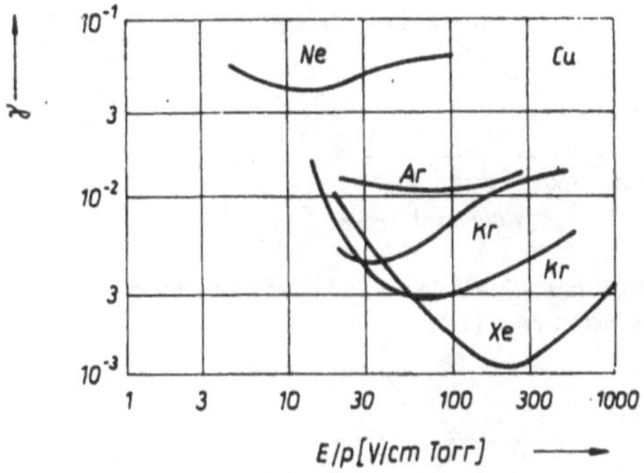

Abb. 18. γ für Kupferkatoden in verschiedenen Edelgasen [76].

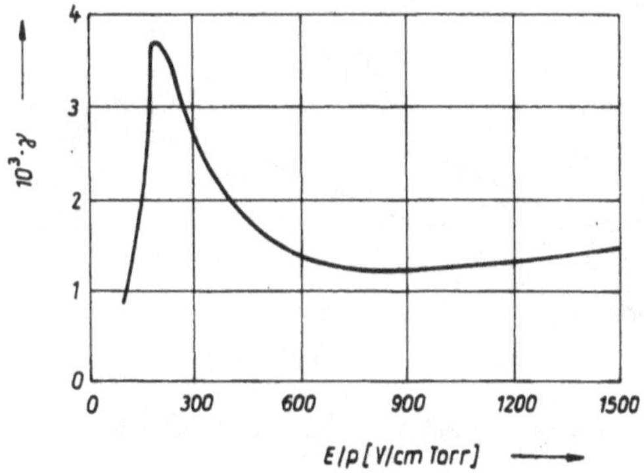

Abb. 19. γ für Quecksilberdampf mit Eisenkatode [88] (s. auch [109]).

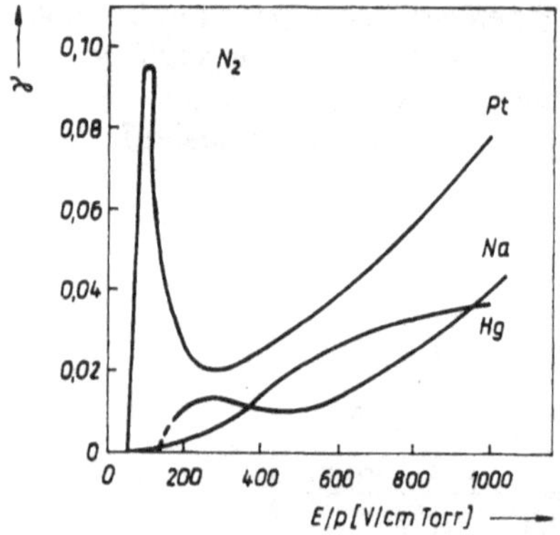

Abb. 20. γ für Stickstoff unterschiedlichen Reinheitsgrades und mit verschiedenen Katodenmaterialien [89].

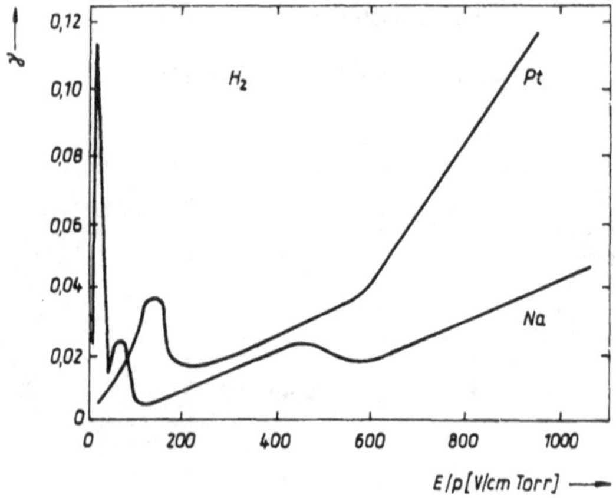

Abb. 21. γ für Wasserstoff mit verschiedenen Katodenmaterialien [90].

formung erhält man

$$\frac{\alpha}{p} \approx \frac{18}{pd}, \tag{35}$$

und man erkennt sofort, daß das RAETHERsche Kriterium formal ein Spezialfall des TOWNSEND-Kriteriums für $2{,}3 \lg \gamma^{-1} \approx 18$, d. h. für $\gamma \approx 10^{-8}$ ist. Wie bereits in Abschnitt 1.3.2. ausgeführt, kommt der Kanalmechanismus beim statischen Durchschlag im homogenen Feld bei einem Startelektron nur dann ins Spiel, wenn γ sehr klein ist, genauer, wenn gilt

$$\gamma \leqq 10^{-8}. \tag{36}$$

Derart kleine Werte treten jedoch nur in einigen organischen Dämpfen auf. Bei den uns hier interessierenden Katodenmaterial-Gas-Kombinationen ist γ i. a. größer, so daß das TOWNSEND-Kriterium in einer solchen Strecke bereits erfüllt ist — die Strecke also durchschlägt — lange bevor die Spannung auf Werte angestiegen ist, die eine für den Kanalaufbau kritische Lawinengröße erzeugen könnte. Dies gilt natürlich nur bei entsprechend langsamer Steigerung der Spannung an der Strecke. Wird die Spannung wesentlich erhöht in Zeiten, die klein sind gegen die Aufbauzeiten beim statischen Durchschlag, so kommen wir in den Bereich des dynamischen Durchschlages. Wegen der starken Abhängigkeit des Wertes α/p von E/p genügen u. U. wenige Prozent Überspannung (s. Tab. 2), um auch bei größeren γ-Werten Bedingung (35) zu erfüllen. Dann läuft der Durchschlag nach dem Kanalmechanismus ab.

Liegt $\alpha/p = f(E/p)$ analytisch vor, so läßt sich i. a. die statische Durchschlagsspannung U_D explizit als Funktion von pd angeben, ein Zusammenhang, wie er in Form der PASCHEN-Kurve bereits lange aus Experimenten bekannt ist. So erhält man etwa mit dem auf TOWNSEND zurückgehenden Ausdruck

$$\frac{\alpha}{p} = A \exp\left(-\frac{B}{E/p}\right), \tag{37}$$

in dem A und B zunächst einmal empirische Konstanten sein sollen, auf deren theoretische Begründung im nächsten Abschnitt eingegangen wird, für die Durchschlagsspannung nach dem TOWNSEND-Kriterium

$$U_D \approx \frac{0{,}43 B\, pd}{\lg pd + \lg A - \lg(2{,}3 \lg \gamma^{-1})}. \tag{38}$$

Die Durchschlagsspannung nach dem RAETHER-Kriterium erhält man aus (35) für $\gamma = 10^{-8}$, d. h. für lg $(2{,}3 \lg \gamma^{-1}) \approx 1{,}3$. In Abhängigkeit von der Kombination

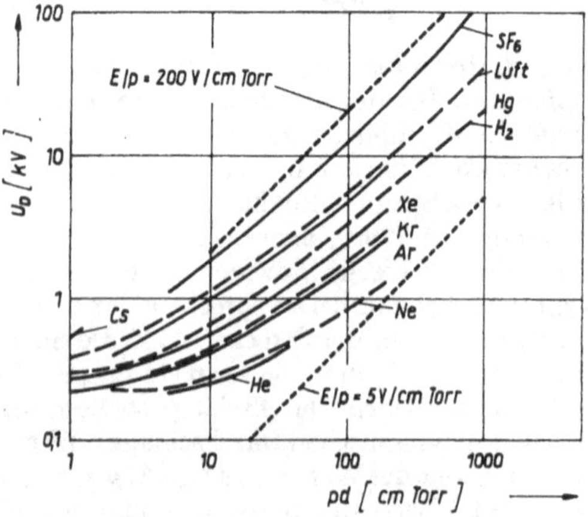

Abb. 22. Experimentelle PASCHEN-Kurven für verschiedene Gase; die Kurven für CO_2 und N_2 liegen in enger Nachbarschaft der Kurve für Luft und sind aus Gründen der Übersichtlichkeit weggelassen (s. Abb. 32, 34). He [94, 102]; Ne, Ar, Kr, Xe [76]; H_2]95]; Hg [96]; Luft [97]; SF_6 [89, 81, 98]; Cs [99].

Katodenmaterial-Gas variiert das letzte Glied im Nenner von etwa 0,3 bis 1,3; bei einer bestimmten Kombination ist die Variation mit E/p in dem hier interessierenden Bereich (s. Abb. 22) noch geringer und macht höchstens den Faktor 2 aus. Man erkennt daran den mit zunehmendem

pd-Wert geringer werdenden Einfluß von γ auf die Höhe der Durchschlagsspannung, was nicht bedeutet, wie oft fälschlicherweise gefolgert, daß γ-Prozesse hier keine Rolle mehr spielen. Ebenso wird aber auch ersichtlich, daß eine Übereinstimmung von berechnetem und experimentellem Wert für die Durchschlagsspannung bei größeren pd-Werten kein Kriterium für die Gültigkeit des einen oder anderen Mechanismus sein kann.

Der erste Townsendsche Ionisierungskoeffizient α. Die Verwendung des Ansatzes (37) für α/p bei der Berechnung von Durchschlagsspannungen erweist sich leider in vielen Fällen nicht als praktikabel, da für eine Reihe von Gasen die Konstanten für den Bereich kleiner E/p-Werte, wie sie beim Durchschlag bei höheren Drücken auftreten, nicht bekannt sind.

Die folgende Tab. 3 gibt einige Zahlenwerte für den hier interessierenden E/p-Bereich an, deren Brauchbarkeit im einzelnen noch zu diskutieren ist.

Tabelle 3

Konstanten des Exponentialansatzes für α/p im Bereich geringer E/p-Werte.

Gas	A [cm^{-1} $Torr^{-1}$]	B [V/cm Torr]	gültig f. E/p [V/cm Torr]	Autor
H_2	5	146	133	[33]
CO_2	4,75	182,5	40–80	[18]
N_2	4,73	243	um 40	[22]
Luft	8,6	254	36–180	[86]
He	3	34	20–150	[63]
Ar	–	47	um 25	[43]

Für die Edelgase hilft ein Ansatz nach Takeishi [64] etwas weiter, allerdings auch nur für pd-Werte < 100 Torr cm:

$$\frac{\alpha}{p} = a_1 \left[1 - \exp\left(-\frac{E/p - a_2}{a_3}\right)\right]. \qquad (39)$$

Die Werte der Konstanten und der Gültigkeitsbereich sind in Tab. 4 angegeben.

Tabelle 4
Konstanten des Ansatzes für α/p nach TAKEISHI [64]

Gas	a_1 [cm^{-1} $Torr^{-1}$]	a_2 [V/cm Torr]	a_3 [V/cm Torr]	gültig f. E/p [V/cm Torr]
He[1])	2,97	8,0	160	8,0– 300
Ne	4,18	9,4	200	9,4– 400
Ar	13,93	24,5	455	24,5–1600
Kr	17,17	26,5	510	26,5–2000
Xe	27,84	41,8	780	41,8–2400

[1]) Die Werte für He wurden von PECH [65] übernommen.

Im Bereich kleiner E/p-Werte läßt sich u. U. für bestimmte Gase eine Beziehung der Form $\ln \frac{\alpha}{p} \sim \frac{E}{p}$ anwenden [13, 86]. So gilt für N_2 im Bereich von 20 bis 38 V/cm Torr die Beziehung $\frac{\alpha}{p} \approx 3{,}3 \cdot 10^{-7}\, e^{0{,}265 E/p}$ [13], und für Luft und Sauerstoff gelten ähnliche Beziehungen.

Für den sich zu kleineren E/p-Werten anschließenden Bereich des Ionisierungskoeffizienten, der für den Durchschlag bei pd-Werten > 1000 Torr cm relevant ist, eignet sich ein Ansatz der Form [8, 13, 86]

$$\frac{\alpha}{p} = A' \left(\frac{E}{p} - B' \right)^2 ,$$

wobei etwa wieder für N_2 im Bereich von 44–176 V/cm Torr gilt $A' = 1{,}17 \cdot 10^4$ und $B' = 32{,}2$ [13]. Auch dieser Ansatz ist für Luft und Sauerstoff geeignet [86].

Da nur für wenige der hier interessierenden Gase analytische Ausdrücke vorliegen, die bis hin zu kleinen E/p-Werten (für große pd-Werte bis 1000 Torr cm) gelten, haben wir in Abb. 23 die verfügbaren Werte für α/p als

Funktion von E/p dargestellt. Die Messung von α erfolgt i. a. durch die Aufnahme der Abhängigkeit des Stromes einer unselbständigen Entladung vom Elektrodenabstand x bei geringer Fremdstromdichte i_0, die Freiheit von Raumladungen garantiert. α ergibt sich dann (s. (7)) nach $\ln (i/i_0) = \alpha x$. Hierbei ist i die gemessene Stromdichte.

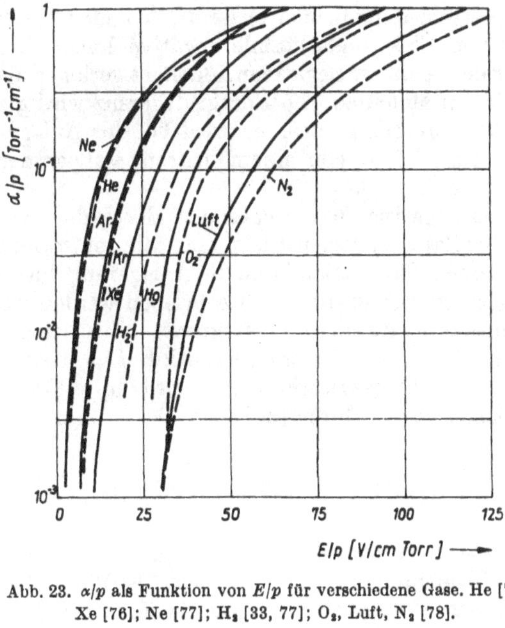

Abb. 23. α/p als Funktion von E/p für verschiedene Gase. He [75]; Ne, Ar, Kr, Xe [76]; Ne [77]; H_2 [33, 77]; O_2, Luft, N_2 [78].

Man erkennt die sehr starke Änderung von α/p im Bereich kleiner E/p-Werte; dieser Bereich liegt bei um so größeren Werten, je größer die Durchschlagsfestigkeit des betreffenden Gases ist. Bei der Bestimmung der Durchschlagsspannung aus α/p—E/p-Verläufen geht man wie folgt vor: Zunächst berechnet man nach (34) für das entsprechende γ und den vorzugebenden pd-Wert α/p.

Anhand von Abb. 23 (oder aus entsprechenden Tabellen) ermittelt man den zugehörigen E/p-Wert, aus dem nach Multiplikation mit pd die Durchschlagsspannung U_D folgt.

Elektronegative Gase. An dieser Stelle ist eine Bemerkung über elektronegative Gase notwendig. Bestimmte Molekülgase wie etwa die Halogene, Sauerstoff, Schwefel, SF_6 und verschiedene Kohlenwasserstoffe bilden durch Anlagerung von Elektronen stabile negative Ionen. Die potentielle Energie dieser negativen Ionen ist geringer als die der neutralen Moleküle; die Energiedifferenz wird als Elektronenaffinität bezeichnet, sie wird bei der Anlagerung frei und muß i. a. von einem dritten Stoßpartner übernommen werden [2].

Die Bildung negativer Ionen behindert durch die Verminderung der Zahl der freien Elektronen die Ionisation. In Analogie zur Stoßionisation kann die Anlagerung durch einen Anlagerungskoeffizienten η beschrieben werden, so daß die Ionisierung durch den effektiven Ionisierungskoeffizienten $\alpha' = \alpha - \eta$ beschrieben wird. Das TOWNSENDsche Durchschlagskriterium (6) wird in elektronegativen Gasen ersetzt durch [84]

$$\frac{\gamma\alpha}{\alpha - \eta} [\exp(\alpha - \eta) d - 1] = 1 . \tag{40}$$

Interessant ist in diesem Zusammenhang, daß es wegen der geringen E/p-Abhängigkeit von η einen E/p-Wert gibt, unterhalb dessen α' negativ wird. Das bedeutet, daß es einen Grenzwert $(E/p)_{\text{lim}}$ entsprechend $\alpha = \eta$ gibt, unterhalb dessen kein Durchschlag mehr möglich ist, unabhängig davon, wie lang die Strecke gemacht wird [84, 85].

Ionisierungskoeffizient und Stoßquerschnitte. Nach dem bisher Gesagten stellt sich die Frage nach der Möglichkeit einer direkten Herleitung des ersten TOWNSENDschen Ionisierungskoeffizienten α aus den atomaren Eigenschaften des jeweiligen Gases.

Tatsächlich ist α mit dem Ionisierungsquerschnitt $Q_i(v_{th})$ der Atome oder Moleküle verbunden nach der Beziehung [66]

$$\alpha = \frac{N \int Q_i(v_{th})\, v_{th}\, f(\boldsymbol{v}_{th})\, d\boldsymbol{v}_{th}}{\int \xi\, f(\boldsymbol{v}_{th})\, d\boldsymbol{v}_{th}}. \tag{41}$$

Dabei ist N die Konzentration der Atome bzw. Moleküle, $f(\boldsymbol{v}_{th})$ die Geschwindigkeitsverteilungsfunktion der Elektronen und ξ die Geschwindigkeitskomponente in Richtung des elektrischen Feldes. $Q_i(v_{th})$ kann direkt gemessen werden. $f(\boldsymbol{v}_{th})$ hängt stark von den Querschnitten für elastische und unelastische Stöße ab. Kennt man diese Querschnitte und kann $f(\boldsymbol{v}_{th})$ daraus berechnen, so kann man nach (41) α erhalten. Eine ausführliche Darstellung der Geschichte der Behandlung von (41) findet sich bei Loeb 1960 [13].

Emeléus, Lunt und Meek [67] haben 1936 unter der Annahme einer Maxwellschen Geschwindigkeitsverteilung und unter Verwendung von Daten über Ionisierungsquerschnitte und Driftgeschwindigkeiten den ersten Townsendschen Ionisierungskoeffizienten berechnet und für einige Molekülgase wie Luft, N_2 und H_2 für den mittleren E/p-Bereich gute Übereinstimmung mit experimentellen Daten gefunden. Für Ar, wo die Energieverteilung bei den betreffenden Experimenten stark von der Maxwellschen abweicht, wurden um mehrere Größenordnungen zu große Werte erhalten. Ebenfalls 1936 entwickelte Smit [68] eine allgemeine Theorie für die Berechnung der Verteilungsfunktion, mit deren Hilfe es Dunlop 1949 [69] gelang, α/p im Bereich kleiner E/p-Werte für Helium in guter Übereinstimmung mit Experimenten zu berechnen. Im gleichen Jahr zeigten Deas und Emeléus [70] umgekehrt unter Verwendung von experimentellen Daten von α/p, daß bei den Experimenten in monoatomaren Gasen eine Geschwindigkeitsverteilungsfunktion vorliegen muß, die oberhalb der mittleren Energie sehr viel steiler abfällt als die Maxwell-Verteilung.

Eine Übersicht über neuere Arbeiten zur Berechnung von α/p sowohl in Edelgasen als auch in Molekülgasen und ein Vergleich mit experimentellen Werten findet man bei WILHELM und WALLIS 1971 [207]. Es wird in der Regel eine gute Übereinstimmung zwischen berechneten und gemessenen Werten erreicht [71, 72, 73, 209, 210, 211].

Interessant sind in diesem Zusammenhang die Versuche, theoretische Ausdrücke für α/p in Form des Ansatzes (37) abzuleiten, die auf TOWNSEND [208] zurückgehen. In unserem Zusammenhang verdient dabei eine Zurückführung insbesondere der Konstante B auf die Gaseigenschaften Aufmerksamkeit, da B nach (38) wesentlich die Durchschlagsfestigkeit des Gases bestimmt. Wir wollen uns hier auf eine Arbeit von LEWIS 1958 [74] beziehen, wo für B folgender Ausdruck hergeleitet wird:

$$B = \sqrt{3}\ \frac{N}{p} \int\limits_{\varepsilon_e}^{\varepsilon_i} [Q(\varepsilon)\ \Theta(\varepsilon)]^{1/2}\,\mathrm{d}\varepsilon. \tag{42}$$

Hier ist N die Konzentration der Atome bzw. Moleküle, $Q(\varepsilon)$ der totale Querschnitt für die unelastischen Stöße, $\Theta(\varepsilon)$ der Querschnitt für elastische Stöße, ε die Elektronenenergie, ε_e die kleinste Anregungsenergie und ε_i die Ionisierungsenergie.

Wie eine ausführliche Diskussion bei LEWIS zeigt, ist B nach (42) unabhängig von E/p bei geringen Werten von E/p und nimmt linear mit E/p zu bei hohen Werten; im Zusammenhang mit dem Durchschlag bei höheren Drükken, der bei kleinen E/p-Werten erfolgt, ist daher die Annahme eines konstanten Wertes für B gerechtfertigt.

Man erkennt ferner nach (42) den typischen Unterschied zwischen den Molekül- und den Edelgasen. Bei den Molekülgasen ist ε_e klein und die Anzahl der anzuregenden Niveaus groß, d. h., die Verluste durch unelastische Stöße unterhalb der Ionisierungsenergie sind groß im Vergleich zu den Edelgasen, wo bei i. a. höheren Energien wesentlich weniger Niveaus angeregt werden. Daher ist

B für die Molekülgase stets wesentlich größer als für Edelgase, und entsprechend verhalten sich auch die Durchschlagsspannungen.

Man kann dies leicht einsehen, wenn man bedenkt, daß die Geschwindigkeitsverteilung der Elektronen stark von Art und Häufigkeit der unelastischen Stöße bestimmt wird. Sind die Verluste bereits bei kleinen Energien groß, wie in Molekülgasen, so werden die zur Ionisierung notwendigen Geschwindigkeiten erst bei größeren E/p-Werten erreicht.

Auch Metalldämpfe haben auf Grund der Termstruktur der Metallatome mit einer Vielzahl tiefliegender Terme vergleichsweise hohe Durchschlagsspannungen.

Der zweite Townsendsche Ionisierungskoeffizient. Wir hatten γ bzw. ω/α eingeführt als Zahl der aus der Katode befreiten Elektronen, die auf einen ionisierenden Stoß im Gas entfallen, ohne auf die einzelnen Mechanismen einzugehen, die Elektronen auslösen können. Dies sei nun nachgeholt.

Von den verschiedenen möglichen Sekundärprozessen wollen wir hier nur die beiden wichtigsten erwähnen: die Sekundäremission aus der Katode infolge des Auftreffens von positiven Ionen (γ_i) und die Emission durch Fotoeffekt an der Katode (γ_f). Beide Prozesse hängen von der Austrittsarbeit des Katodenmaterials ab, zeigen jedoch eine unterschiedliche Abhängigkeit von E/p. Man kann erwarten, daß der Fotoeffekt bei geringen E/p-Werten vorherrscht, während die Ionen bei höheren E/p-Werten eine größere Rolle spielen [13].

Die Sekundäremission durch Ionenaufprall hängt von der Ionenenergie ab; diese ändert sich z. B. in einatomigen Gasen nur wenig mit E/p, so daß man hier ein konstantes γ_i erwarten kann bzw. einen leichten Anstieg von γ_i mit E/p. Die fotoelektrische Emission wird dagegen mit abnehmendem E/p begünstigt, da dann i. a. die Anregungsbedingungen günstiger sind. Ein Anstieg zu kleinen Werten von E/p hin zeigt daher ein Überwiegen des γ_f-Effektes an [2, 63, 87]. Die Abb. 17—21 vermitteln einen Eindruck vom Verlauf und der Größenordnung von γ sowie von seiner Abhängigkeit von der Kombination Gas-Katodenmaterial.

Zur Ermittlung der Durchschlagsspannungen verfahren wir im Rahmen unserer Betrachtungen so als wäre γ konstant und rechnen mit einem Mittelwert. Es sei jedoch erwähnt, daß diese Verfahrensweise für genauere Untersuchungen nicht korrekt ist. Vielmehr wird z. B. gerade aus Messungen von α/p und U_D auf die Abhängigkeit $\gamma = \gamma(E/p)$ geschlossen. Eine weitere Methode zur Bestimmung von γ beruht auf der Messung von Vordurchschlagsströmen bei geringer Fremdstromdichte, wobei γ bei bekanntem α/p aus einer Beziehung für den Strom berechnet wird (s. (5)).

1.4.2. Paschen-Kurven

Wie man etwa aus (38) ersieht, läßt sich die Durchschlagsspannung eines Gases im homogenen Feld als Funktion nur des Produktes aus Druck p und Elektrodenabstand d herleiten, ein Zusammenhang, der seit langem aus Experimenten bekannt ist (DE LA RUE und MÜLLER 1880 [91]; PASCHEN 1889 [92]). Dies erlaubt die Auftragung von U_D über pd in Form der sog. PASCHEN-Kurve, wobei sich für jedes Gas nur eine solche Kurve ergibt.

Erst bei großen pd-Werten sind in einigen Gasen Abweichungen vom PASCHEN-Gesetz beobachtet worden derart, daß U_D bei konstantem pd um so kleiner ist, je kleiner d ist, d. h. aber, je größer die Feldstärke ist. Diese Erscheinung tritt bei Feldstärken $\gtrsim 10^5$ V/cm auf [2].

Man kann annehmen, daß die für die Erniedrigung von U_D notwendige zusätzliche Ionisation von der Feldemission aus der Katode herrührt. So läßt sich die Abhängigkeit der Durchschlagsspannung bei hohen Drücken vom Katodenmaterial verstehen, wie auch die starke Streuung der U_D-Werte.

Der Versuch, diese Abweichungen vom PASCHEN-Gesetz

mit Hilfe des Kanalmechanismus erklären zu wollen, erscheint nicht geeignet, da einmal nach unseren früheren Ausführungen beim statischen Durchschlag i. a. nicht mit diesem Mechanismus zu rechnen ist, und da zum anderen der reale Effekt um etwa eine Größenordnung größer ist als entsprechende Rechnungen voraussagen. Auch ließe sich auf dieser Grundlage die auftretende Abhängigkeit des Effektes vom Katodenmaterial nicht erklären [2].

In elektronegativen Gasen kann ebenfalls eine geringe Abweichung vom PASCHEN-Gesetz in entgegengesetzter Richtung auftreten, die von einer starken Druckabhängigkeit der Anlagerungsprozesse herrührt [81, 82, 93].

Ferner treten Abweichungen von der einheitlichen PASCHEN-Kurve auf, wenn die Fremdstromdichte an der Katode zu groß wird (MARSHAK 1960 [204]). Fließt bereits vor Erreichen der Durchschlagsspannung infolge einer zusätzlichen äußeren Einwirkung auf die Entladungsstrecke ein hinreichend hoher Strom, so bildet sich eine Raumladung aus, die über eine Feldverzerrung eine Absenkung der Durchschlagsspannung bewirkt. Diese äußere Einwirkung kann z. B. in einer Bestrahlung der Katode bestehen (ROGOWSKI und WALLRAFF 1936 [205], SCHADE 1937 [206]) oder auch in einer Heizung der Katode (HESS 1969 [9]). Eine Absenkung der Durchschlagsspannung um etwa 1% ist bei Fremdstromdichte von etwa 10^{-10} bis 10^{-8} A/cm^2 zu erwarten (CROWE u. a. 1954 [31]). Für geringe Fremdstromdichten i_F findet man in Übereinstimmung mit dem Experiment eine Abhängigkeit der Erniedrigung der Durchschlagsspannung von $\sqrt{i_F}$, während sich bei höheren Stromdichten eine Abhängigkeit von $\ln i_F$ ergibt ([205], [9]).

Wir wollen nun — ohne auf extreme Verhältnisse weiter einzugehen — im Bereich höherer Drücke ($pd \approx 10$ bis 1000 Torr cm) eine Reihe von experimentell ermittelten PASCHEN-Kurven für technisch interessante Gase angeben. Zu diesen experimentellen Kurven werden wir z. T. theoretische Verläufe berechnen, indem wir von α/p-Werten ausgehen, die in analytischer Form oder numerisch vorliegen und die Durchschlagsspannungen nach dem TOWNSEND-Kriterium mit einem geeigneten Wert für γ berechnen.

Abb. 22 zeigt eine Übersicht über experimentell ermittelte PASCHEN-Kurven für verschiedene Gase. In dem uns interessierenden Bereich oberhalb $pd = 10$ Torr cm liegen die experimentellen Kurven zwischen den Geraden für $E/p = 5$ V/cm Torr und 200 V/cm Torr, wobei der E/p-Wert längs einer PASCHEN-Kurve mit zunehmendem pd fällt. Man erkennt das bereits im vorigen Abschnitt anhand der Diskussion des ersten TOWNSENDschen Ionisierungskoeffizienten bzw. der Konstanten B vorausgesagte Verhalten, wonach Molekülgase und Metalldämpfe i. a. höhere Durchschlagsspannungen haben als die Edelgase. Ferner ersieht man aus der Zunahme der Durchschlagsspannung bei den Edelgasen vom Helium zum Xenon, daß die Höhe der Durchschlagsspannung weniger von der Ionisierungsenergie (obere Grenze des Integrals in Gl. (42)) als von den Verlusten der Elektronen durch unelastische Stöße unterhalb der Ionisierungsenergie abhängt, die bei den schweren Edelgasen auf Grund ihres Termschemas größer sind als bei Helium.

Besonders groß ist die Durchschlagsfestigkeit in vielatomigen Molekülen, wie SF_6, CCl_2F_2 (Frigen, Freon 12 oder Arcton 12) oder CCl_4, die zugleich elektronegativ sind. Während für SF_6 eine Grenzfeldstärke (s. Gl. (40)) von $(E/p)_{\text{lim}} = 117$ V/cm Torr angegeben wird [80], findet man für CCl_2F_2 122 V/cm Torr [100], so daß für große pd-Werte in CCl_2F_2 etwas größere Durchschlagsspannungen als in SF_6 zu erwarten sind. Für CCl_4 wird eine um den Faktor 2,5 gegenüber SF_6 größere Durchschlagsfestigkeit angegeben [110].

Wenden wir uns nun einzelnen Gasen zu.

Helium. Abb. 24 gibt einen Überblick über experimentelle und theoretische Verläufe für das leichteste der Edelgase, das zugleich die höchste Ionisierungsenergie aufweist. Experimentelle Werte liegen nur vor bis $pd = 40$ Torr cm (LEVI 1930 [94], TOWNSEND und MCCALLUM 1934 [102]).

Für γ findet man in Abhängigkeit vom Katodenmaterial und von E/p Werte zwischen $1{,}5 \cdot 10^{-2}$ bis zu 0,5 [11, 64, 65, 101, 103]. Für die von LEVI verwendete Ni-Katode erscheint zunächst ein Wert um etwa 10^{-1} plausibel.

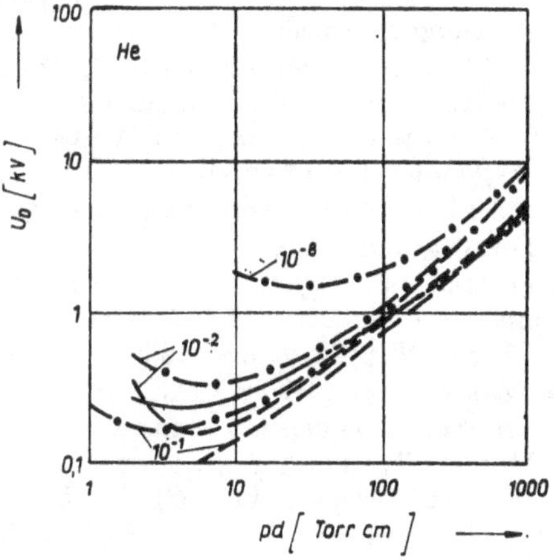

Abb. 24. Durchschlagsspannung in Helium;
Vergleich zwischen experimentellen und theoretischen Werten.

- ———— experimentelle Werte [94, 102].
- - - - - - - Rechnung mit α/p nach [75] und $\gamma = 4 \cdot 10^{-2}$
- — — — — Rechnung nach (38); die Zahlen an den Kurven entsprechen den γ-Werten.
- — · — · — · Rechnung unter Verwendung von (39); die Kurve mit der Bezeichnung 10^{-8} entspricht dem RAETHER-Kriterium.

Die nach (38), d. h. nach dem TOWNSEND-Kriterium mit dem Exponentialansatz für α/p berechneten Durchschlagsspannungen sind gestrichelt eingetragen. Dabei wurden die Konstanten A und B nach Tabelle 4 benutzt. Die theoretischen Kurven liegen wesentlich zu niedrig. Eine Rechnung mit $\gamma = 10^{-3}$ würde zwar den rechten Teil der gemessenen Kurve in Übereinstimmung mit der Theorie bringen, das Minimum wäre jedoch zu weit nach rechts verschoben und für den linken Ast ergäben sich zu große Werte. Außerdem gibt es keinen Hinweis auf γ-Werte $< 10^{-2}$.

Eine bessere Übereinstimmung erhält man mit dem Ansatz [39] für α/p, obwohl auch hier nur für einen Wert $\gamma < 10^{-1}$ Übereinstimmung zu erzielen ist.

Rechnet man direkt mit den experimentellen α/p-Werten von CHANIN und RORK 1964 [75], so kann man mit einem Wert $\gamma \approx 4 \cdot 10^{-2}$ die experimentellen Werte der Durchschlagsspannung zumindest oberhalb $pd = 10$ Torr cm gut reproduzieren. Ein solcher γ-Wert entspricht etwa den Angaben von DUTTON und REES [103].

Zusammenfassend kann man sagen, daß der Exponentialansatz für α/p mit den Konstanten $A = 3$ cm^{-1} Torr^{-1} und $B = 34$ V/cm Torr im Bereich $E/p = 12{,}5 \cdots 100$ V/cm Torr zu große Werte liefert. Es können weder die experimentellen Werte von α/p noch U_D angenähert werden. Der Ansatz (36) nach TAKEISHI gibt die experimentellen Werte von α/p gut wieder. Für U_D ist Übereinstimmung zu erzielen, wenn $\gamma \approx 4 \cdot 10^{-2}$ gewählt wird.

Um den Einfluß von γ auf den Wert der Durchschlagsspannung zu charakterisieren: eine Zunahme von γ von 10^{-2} auf 10^{-1} bei $pd = 40$ Torr cm verringert die Durchschlagsspannung um rund 30%, bei $pd = 1000$ Torr cm nur noch um etwa 3%. Eine Abnahme von γ auf 10^{-3}, was formal dem RAETHER-Kriterium entspricht (s. Gl. (35), (36)), erhöht U_D bei $pd = 1000$ Torr cm um etwa 10%.

Neon. Hier liegen experimentelle Werte bis $pd = 200$ Torr cm von KRUITHOFF 1940 [76] vor (Abb. 25). Sie lassen sich sehr gut mit Hilfe der ebenfalls von KRUITHOFF stammenden experimentellen α/p-Werte reproduzieren, wenn man $\gamma \approx 5 \cdot 10^{-2}$ wählt. Auf solch einem Verfahren beruht ein Teil der Bestimmungen von γ. KRUITHOFF [76] bestimmte seine γ-Werte jedoch unabhängig vom Durchschlag aus der Verstärkung eines fotoelektrisch ausgelösten Primärstromes und gelangte dabei gerade zu γ-Werten, die in Abhängigkeit von E/p etwa zwischen 0,04 und 0,07 variieren (s. Abb. 18).

Für den Exponentialansatz von α/p liegen keine Konstanten für den entsprechenden E/p-Bereich vor. Der Ansatz nach TAKEISHI gibt die Durchschlagsspannung für

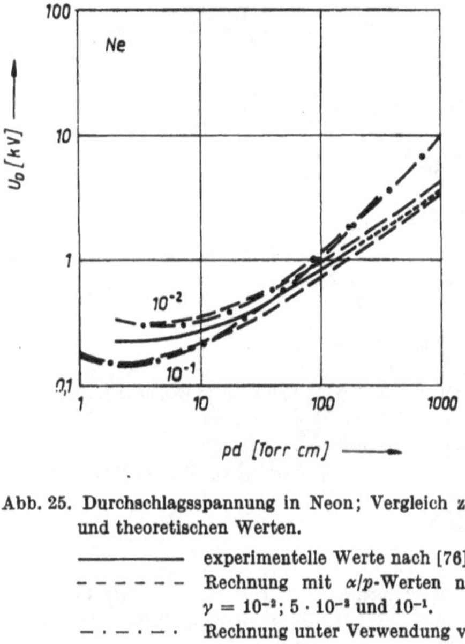

Abb. 25. Durchschlagsspannung in Neon; Vergleich zwischen experimentellen und theoretischen Werten.

——————— experimentelle Werte nach [76].

– – – – – – Rechnung mit α/p-Werten nach [76], (s. Abb. 17); $\gamma = 10^{-2}$; $5 \cdot 10^{-2}$ und 10^{-1}.

– · – · – · Rechnung unter Verwendung von (39).

große E/p-Werte gut wieder, zeigt jedoch schon an der Grenze seines Gültigkeitsbereiches bei $E/p = 9{,}4$ V/cm Torr ($\triangleq pd \approx 80$ Torr cm) um ca. 30% zu große Werte an.

Argon. Abb. 26 zeigt die Verläufe für Argon. Die experimentellen Werte stammen von KRUITHOFF [76]. Für den Exponentialansatz liegt eine Angabe von WAGNER [43] nur für B vor (s. Tabelle 3).

Die α/p-Werte von KRUITHOFF führen zu einem Verlauf von U_D, der sich mit den experimentellen Werten völlig deckt, wenn man mit $\gamma = 10^{-2}$ rechnet (s. Abb. 19). Auch

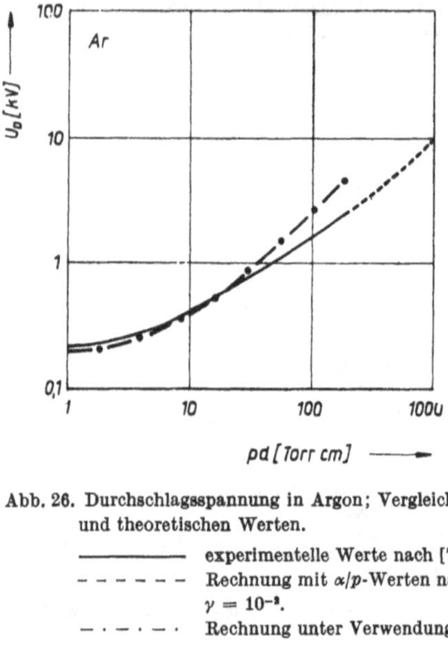

Abb. 26. Durchschlagsspannung in Argon; Vergleich zwischen experimentellen und theoretischen Werten.

——— experimentelle Werte nach [76].

– – – – – – Rechnung mit α/p-Werten nach [76], (s. Abb. 17); $\gamma = 10^{-2}$.

– · – · – · Rechnung unter Verwendung von (39); $\gamma = 10^{-2}$.

wenn man mit dem Ansatz von TAKEISHI (39) rechnet, ergibt sich in seinem Gültigkeitsbereich oberhalb $E/p = 24{,}5$ V/cm Torr ($pd \leq 32$ Torr cm) eine recht gute Approximation des Experimentes ($\gamma = 10^{-2}$).

Krypton. Abb. 27 zeigt die Verläufe für Krypton. Die experimentellen Werte stammen von KRUITHOFF [76]. Für den Exponentialansatz von α/p liegen keine Angaben vor. Die α/p-Werte von KRUITHOFF führen zu einem U_D-Verlauf, der mit den Experimenten ausgezeichnet übereinstimmt für $\gamma = 6 \cdot 10^{-3}$ (s. Abb. 19).

Der Ansatz von TAKEISHI gilt nur für $E/p \geqq 26{,}5$ V/

cm Torr ($pd \leqq 32$ Torr cm) und beschreibt bis dorthin die Experimente recht gut, vor allem, wenn man auch hier noch γ anpaßt.

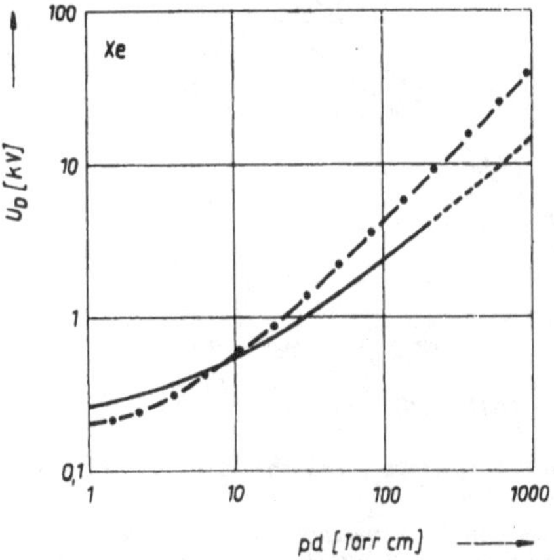

Abb. 27. Durchschlagsspannung in Krypton; Vergleich zwischen experimentellen und theoretischen Werten.

———— experimentelle Werte nach [76].

- - - - - - Rechnung mit α/p-Werten nach [76], (s. Abb. 17); $\gamma = 6 \cdot 10^{-3}$.

— · — · — · Rechnung unter Verwendung von (39); $\gamma = 10^{-2}$.

Xenon. Abb. 28 zeigt die Verläufe für Xenon. Die experimentellen Werte stammen von KRUITHOFF [76]. Für den Exponentialansatz liegen für den betreffenden E/p-Bereich keine Angaben vor. Rechnungen mit den experimentellen α/p-Werten von KRUITHOFF führen zu einer sehr guten Übereinstimmung in U_D, wenn man $\gamma = 5 \cdot 10^{-3}$ verwendet (s. Abb. 19). Die mit dem gleichen γ unter Verwendung des Ansatzes nach TAKEISHI errechnete U_D-Kurve paßt sich selbst in ihrem Gültigkeitsbereich $E/p \geqq 41{,}8$ V/cm Torr ($pd \leqq 80$ Torr cm) nicht mehr an die experimentellen Werte an. Die Wahl eines anderen γ würde die Abweichungen noch vergrößern.

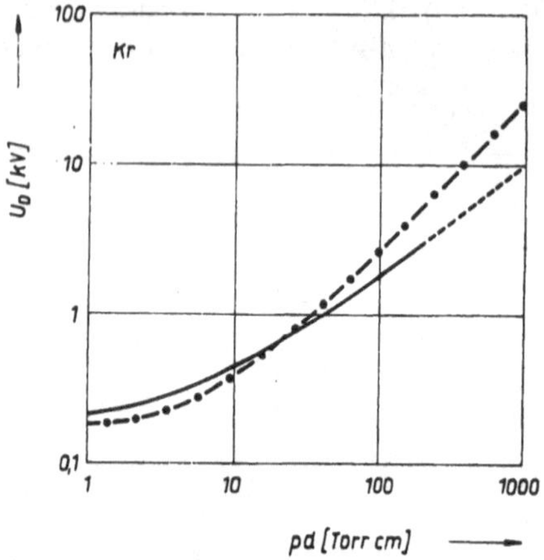

Abb. 28. Durchschlagsspannung in Xenon; Vergleich zwischen experimentellen und theoretischen Werten.

——————— experimentelle Werte nach [76].

- - - - - - Rechnung mit α/p-Werten nach [76], (s. Abb. 17); $\gamma = 5 \cdot 10^{-3}$.

— · — · — · Rechnung unter Verwendung von (39); $\gamma = 5 \cdot 10^{-3}$.

Wasserstoff. Abb. 29 zeigt die Verläufe für Wasserstoff. Die experimentellen Werte stammen von Carr [104] und Ehrenkrantz [95]. Für den Exponentialansatz (37) liegen für $E/p \leqq 133$ V/cm Torr folgende Werte vor: $A = 5$, $B = 146$ (s. Tab. 3). Dieser Ansatz für α/p führt mit $\gamma = 10^{-2}$ (s. Abb. 21) zu einer U_D-Kurve, die zwischen $pd = 3$ und 1000 Torr cm sehr gut mit dem Experiment übereinstimmt.

Quecksilber. Abb. 30 zeigt die Verläufe für Quecksilber. Die experimentellen Werte stammen von Grigorovici 1938 [105], Llewellyn-Jones und Galloway 1938 [106] sowie von Hackam 1970 [107]. Für α/p liegen Messungen von Davies und Smith 1965 [108] und von Overton und Davies 1968 [88] im Bereich von 50—2500 V/cm Torr vor. Angaben für kleinere E/p-Werte sind mir z. Z. nicht be-

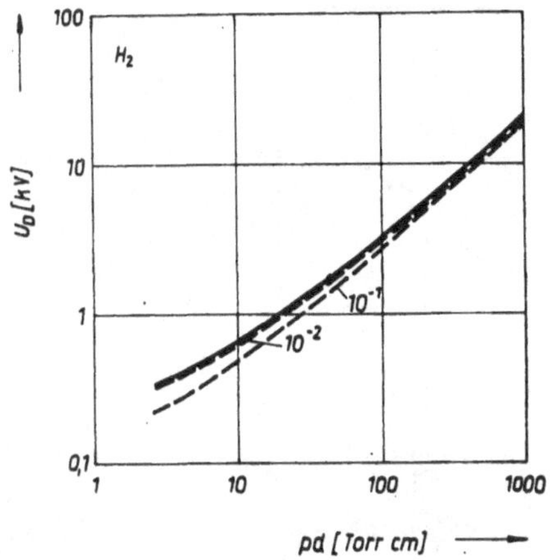

Abb. 29. Durchschlagsspannung in Wasserstoff; Vergleich zwischen experimentellen und theoretischen Werten.

———— experimentelle Werte nach [95, 104].

– – – – – – Rechnung mit α/p nach (37) [33].

kannt. Da die angeführten α/p-Werte nur in Form einer grafischen Darstellung im linearen Maßstab vorliegen, sind naturgemäß gerade die Werte für kleine E/p relativ ungenau zu ermitteln, so daß eine Extrapolation zu den benötigten E/p-Werten bis etwa 25 V/cm Torr hinab unsicher ist. Eine Berechnung von U_D auf dieser Basis fällt jedoch innerhalb des experimentellen Streubereiches mit den Messungen zusammen, wenn man $\gamma = 5 \cdot 10^{-4}$ wählt [88, 109]. Angaben für den Exponentialansatz (37) für α/p liegen unterhalb von $E/p = 180$ V/cm Torr nicht vor.

Sauerstoff. Abb. 31 zeigt die Verläufe für Sauerstoff. Die experimentellen Ergebnisse stammen von Fricke 1933 [111] und Prasad und Craggs 1961 [112]. Für α/p liegen Angaben für den Exponentialansatz (37) nur oberhalb $E/p = 70$ V/cm Torr vor [113]. Messungen in dem für die

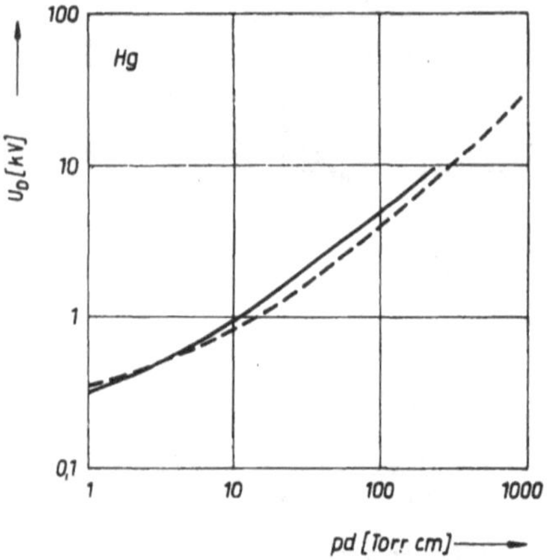

Abb. 30. Durchschlagsspannung in Quecksilber; Vergleich zwischen experimentellen und theoretischen Werten.
——— experimentelle Werte nach [105, 106, 107].
– – – – Rechnung mit α/p nach [88, 108], $\gamma = 5 \cdot 10^{-4}$.
(Die Druckangaben beziehen sich auf 273 K).

Berechnung der Durchschlagsspannung interessanten Bereich zwischen 40 und 70 V/cm Torr wurden u. a. von Masch 1937 [78], Harrison und Geballe 1953 [114], sowie von Prasad und Craggs 1961 [112] mitgeteilt. Nun ist Sauerstoff das erste Gas unter den bisher behandelten, das durch Anlagerung von Elektronen stabile negative Ionen bildet, wodurch die effektive Ionisierung herabgesetzt wird; s. (40).

Messungen des entsprechenden Anlagerungskoeffizienten liegen vor von Doehring 1952 [115], Harrison und Geballe 1953 [114], Prasad und Craggs 1961 [112], Chanin, Phelps und Biondi 1962 [116], Grünberg 1969 [117]; sowie von Price, Lucas und Moruzzi 1973 [118] eine Berechnung dieser Größe. Die Angaben streuen sehr stark z. B. für $E/p = 40$ V/cm Torr ($\triangleq 1000$ Torr cm) zwischen 0,02 und 0,06 cm^{-1} $Torr^{-1}$. Da α/p etwa ver-

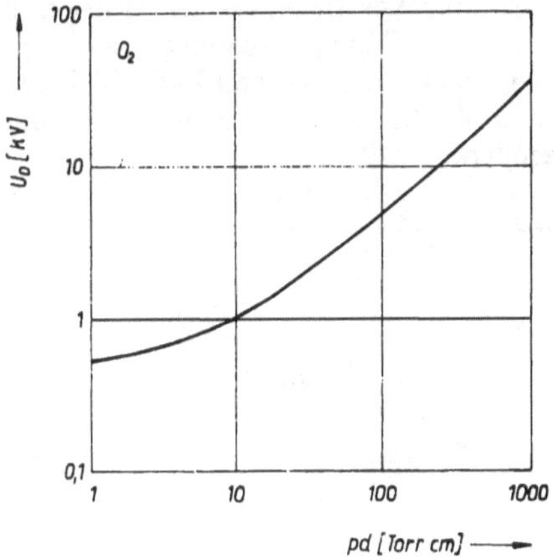

Abb. 31. Durchschlagsspannung in Sauerstoff; experimentelle Werte nach [111] und [112].

gleichbar groß und auch mit einem gewissen Fehler behaftet ist, erscheint es z. Z. nicht sinnvoll, einen aus diesen Angaben berechneten Verlauf für $(\alpha - \eta)/p$ zur Berechnung der Durchschlagsspannung anzugeben.

Mit den von PRASAD und CRAGGS [112] angegebenen Werten von γ um 10^{-6} lassen sich jedoch die experimentellen Werte von U_D (Abb. 31) reproduzieren, wenn man für $(\alpha - \eta)/p$ Werte innerhalb des angegebenen Streubereiches wählt (s. auch [18]). Die in Abb. 23 wiedergegebene Kurve nach MASCH [78] liefert nach den neueren Messungen bei kleinen E/p-Werten offenbar zu kleine Werte für α/p.

Kohlendioxid. Abb. 32 zeigt den Verlauf für CO_2. Die experimentellen Werte stammen von ZEIER 1932 [119] und von BHALLA und CRAGGS 1960 [128]. Für den Exponentialansatz liegen Angaben von SCHLUMBOHM 1959 [18] (s. Tab. 3) vor. Da jedoch auch CO_2 negative Ionen bildet, muß die Anlagerung berücksichtigt werden. Angaben über den effektiven Ionisierungskoeffizienten finden sich in [8], Abb. 3.28 und in [128]. Für γ, berechnet aus der gemessenen Durchschlagsspannung, werden in [128] Werte zwischen $7 \cdot 10^{-6}$ und $4 \cdot 10^{-8}$ für pd zwischen 4 und 1500 Torr cm angegeben.

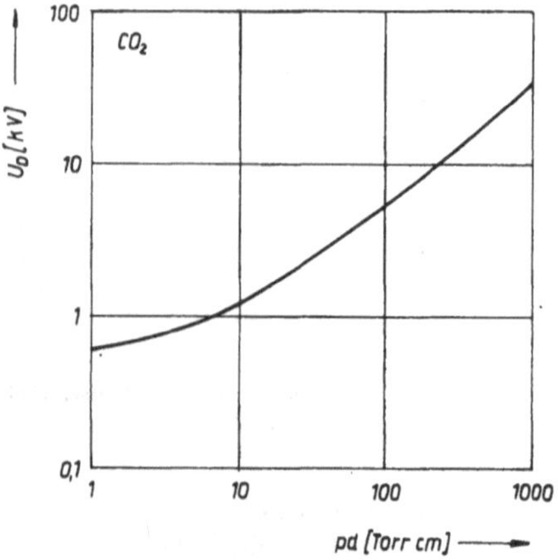

Abb. 32. Durchschlagsspannung in Kohlendioxid; experimenteller Verlauf nach [119] und [128].

Luft. Abb. 33 zeigt den Verlauf für Luft. Infolge der technischen Bedeutung dieses Gasgemisches für die Hochspannungstechnik liegen hier wie auch für N_2 und SF_6 Werte für $pd > 10^3$ Torr cm vor; daher haben wir die Darstellung zu größeren pd-Werten hin erweitert. Die experimentellen Werte stammen im Bereich bis $pd = 1000$ Torr cm von einer Reihe von Autoren (s. [97], Abb. 2.2), bis $pd = 11400$ Torr cm von Boyd, Bruce und Tedford 1966 [122] und der Wert bei 21100 Torr cm von Dutton und Harris 1970 [82]. Infolge des Sauerstoffanteils werden auch in Luft negative Ionen gebildet. Berechnungen der Durchschlagsspannung unter Berücksichtigung von Anlagerung und Abspaltung von Elektronen wurden von

Daniel, Dutton und Harris 1969 [123] angestellt. Sie bestimmten dazu γ experimentell und erhielten Werte, die von $1{,}6 \cdot 10^{-4}$ auf $3{,}2 \cdot 10^{-5}$ fielen, während pd von 200 auf 18000 Torr cm anstieg. Für pd-Werte um 500 Torr cm rechnete Ward 1965 [34] mit $\gamma = 1{,}5 \cdot 10^{-5}$.

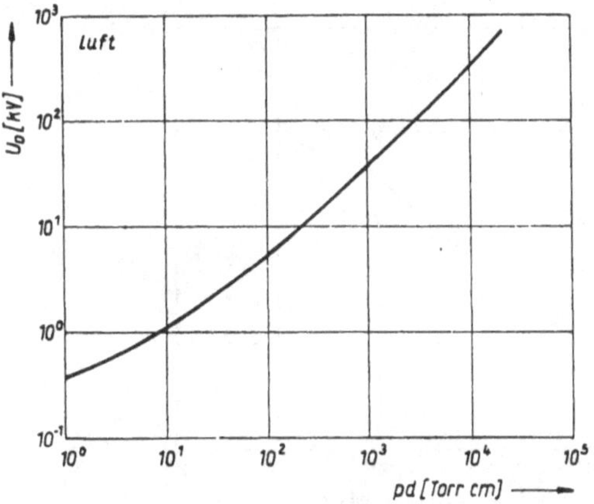

Abb. 33. Durchschlagsspannung in Luft; experimenteller Verlauf nach [121], Abb. 2.2, sowie nach [82] und [122].

Die Übereinstimmung dieser Rechnungen mit Experimenten von Farish und Tedford 1969 [124] und von Dutton und Harris 1970 [83] ist sehr gut, insbesondere konnte auch der experimentelle Befund einer schwachen Abweichung vom Paschen-Gesetz, eines Anstieges von U_D mit p bei konstantem pd, wie sie für bestimmte elektronegative Gase typisch ist, theoretisch verifiziert werden.

Stickstoff. Abb. 34 zeigt den experimentellen Verlauf der Durchschlagsspannung in Stickstoff. Die Meßwerte stammen von Ehrenkrantz 1939 [95] bis $pd = 300$ Torr cm, von Dutton, Haydon und Llewellyn-Jones 1952 [125] für 400—800 Torr cm und schließlich von Daniel und

HARRIS 1970 [126] für 3740—18600 Torr cm. Im Gegensatz zu Sauerstoff bzw. Luft ist Stickstoff kein elektronegatives Gas. Die neueren Messungen von α/p [82, 125, 126] zeigen keine wesentlichen Abweichungen von dem in Abb. 23 dargestellten Verlauf nach MASCH [78]. Mit Wer-

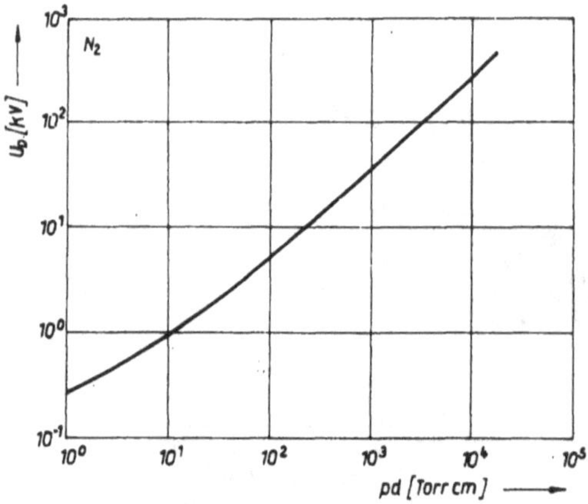

Abb. 34. Durchschlagsspannung in Stickstoff; experimenteller Verlauf nach [95, 125, 126, 129].

ten für γ von $3{,}2 \cdot 10^{-5} \cdots 3{,}7 \cdot 10^{-4}$ im E/p-Bereich von 28 bis 45 V/cm Torr ($\triangleq$ 19000 ⋯ 400 Torr cm) ergeben Rechnungen nach dem TOWNSENDschen Durchschlagskriterium sehr gute Übereinstimmung mit dem Experiment. Auch ist das PASCHENsche Gesetz in Stickstoff im untersuchten Parameterbereich uneingeschränkt gültig, d. h., U_D ist nur eine Funktion von pd.

Schwefelhexafluorid. Abb. 35 zeigt den Verlauf der Durchschlagsspannung in SF_6 nach BHALLA und CRAGGS 1962 [80] und DUTTON, HARRIS und JONES 1971 [93]. Messungen des Ionisierungs- und des Anlagerungskoeffizienten liegen vor von BHALLA und CRAGGS 1962 [80],

DUTTON, HARRIS und JONES 1970 [81] und DUTTON und HARRIS 1970 [82].

Für $\gamma' = \alpha\gamma/(\alpha - \eta)$ (s. Gl. (40)) finden BHALLA und CRAGGS Werte um $1{,}7 \cdot 10^{-7}$. Mit ihren experimentell bestimmten Ionisierungskoeffizienten α' und γ' können sie

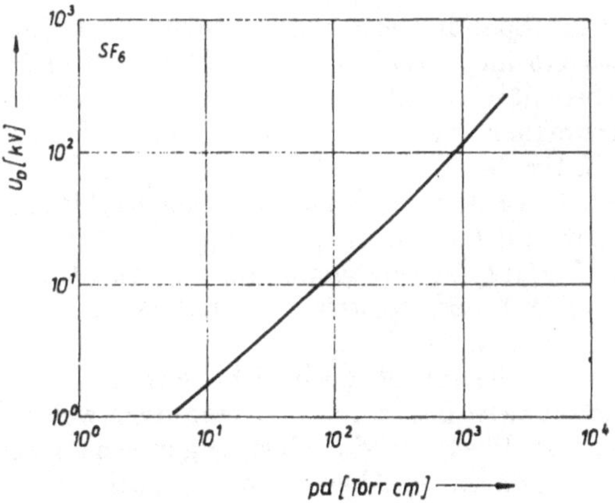

Abb. 35. Durchschlagsspannung in SF_6; experimenteller Verlauf nach [80] und [127].

die gemessenen Durchschlagsspannungen mit Hilfe der modifizierten TOWNSEND-Bedingung (40) gut wiedergeben. SF_6 weist wie auch O_2 bzw. Luft schwache Abweichungen vom PASCHEN-Gesetz auf, die von einer starken Druckabhängigkeit von α'/p herrühren. Im Gegensatz zu anderen elektronegativen Gasen treten jedoch in SF_6 bei größeren Elektrodenabständen auch unterhalb der Grenzfeldstärke $(E/p)_{\text{lim}}$ Durchschläge auf, die offensichtlich von den Rändern der Elektroden ausgehen und so unter inhomogenen Feldbedingungen ablaufen [80, 93].

Freon 12 (CCl_2F_2; Arcton 12 in der neueren angelsächsischen Literatur). Freon 12 hat eine etwas größere dielektrische Festigkeit als SF_6. Angaben über Ionisierungs-

und Anlagerungskoeffizienten finden sich bei Harrison und Geballe 1953 [114], Schlumbohm 1962 [120] und bei Bruce, Crichton und Tedford 1967 [100].

2. Die Entwicklung des Funkens

Die Phase des Spannungszusammenbruchs einer Gasentladungsstrecke im Anschluß an den Durchschlag ist technisch so bedeutsam, weil hier der Übergang vom hochisolierenden zum mehr oder weniger gut leitenden Medium stattfindet. Unter dem Aspekt des Schaltens werden in dieser Phase Schaltzeiten und Schaltverluste entschieden; unter dem Aspekt der Nanosekunden-Impulslichtquellen wird hier der Verlauf des Energieumsatzes in der Strecke und damit Verlauf und spektrale Verteilung der Abstrahlung entschieden.

Diese Phase ist theoretisch noch nicht vollständig behandelt. Insbesondere liegen für den technisch wesentlichsten Teil dieser Phase, für den Übergang in den stromstarken Funken und seinen Ablauf z. Z. noch keine theoretischen Ansätze vor, die es gestatten, diese Entwicklung ab initio zu berechnen.

Es existiert jedoch eine Reihe von Behandlungsvorschlägen, die sich auf empirisch ermittelte und im einzelnen mehr oder weniger gut erfüllte Voraussetzungen stützen, wie etwa das Konzept der Funkenkonstante nach Toepler [130—132] bzw. nach Rompe und Weizel [133—135] oder Ansätze, die die gasdynamische Ausdehnung mit einbeziehen [136, 137]. Auf diese Ansätze wird im weiteren noch gesondert eingegangen. Hier soll zunächst versucht werden, die Phänomenologie des Spannungszusammenbruches darzustellen.

2.1. *Phänomenologie des Spannungszusammenbruchs*

Allgemein ist zunächst festzustellen, daß der Verlauf des Spannungszusammenbruchs empfindlich von einer ganzen Reihe von Parametern abhängt und daher nur unter sonst gleichen Bedingungen nach dem Durchschlagsmechanismus klassifiziert werden kann.

Solche Parameter sind z. B. der Typ des Entladungskreises (Kabelentladung oder konzentrierte Kapazität), der Grad der Feldhomogenität, der Zustand der Elektrodenoberfläche, die Größe des häufig verwendeten Widerstandes in Reihe zur Entladung, die Höhe des Drukkes und schließlich auch die Art des untersuchten Gases.

Wir wollen dennoch versuchen, eine Übersicht nach der Art des Durchschlagsmechanismus zu geben und evtl. auftretenden Abweichungen durch die Variation anderer Parameter zu erklären.

2.1.1. Der Spannungszusammenbruch beim statischen Durchschlag und bei geringen Überspannungen

Hier liegen neuere Untersuchungen in Luft [138, 147, 148], Wasserstoff [139—144], Stickstoff [145—149], Sauerstoff [148, 149], Schwefelhexafluorid [149] und Krypton [143] vor. Wie schon sehr früh festgestellt wurde (Rogowski u. a. 1927 [150]), bricht die Spannung oft nicht direkt bis auf die Bogenspannung zusammen. Vielmehr treten im Verlauf des Spannungsabfalls eine oder sogar mehrere Stufen auf. Die komplizierteste Struktur, die allerdings nur unter ganz speziellen Bedingungen so ausgeprägt erhalten wird, zeigt eine Darstellung von Kekez u. a. 1970 ([143], s. Abb. 36).
Dabei handelt es sich um eine schematische Darstellung des Stromverlaufs $I(t)$ einer Kabelentladung, der in der i. a. verwendeten Anordnung über

$$U(t) = U_0 - 2Z_0 \cdot I(t)$$

mit der Spannung $U(t)$ an der Funkenstrecke zusammenhängt. Man kann daher den erhaltenen Stromverlauf bei geeigneter Ordinatenwahl auch direkt als Spannungsverlauf an der Funkenstrecke interpretieren (Z_0 —Wellenwiderstand des Kabels, U_0 – Ladespannung). Wenden wir uns nun anhand von Abb. 36 der Entwicklung der Entladung zu.

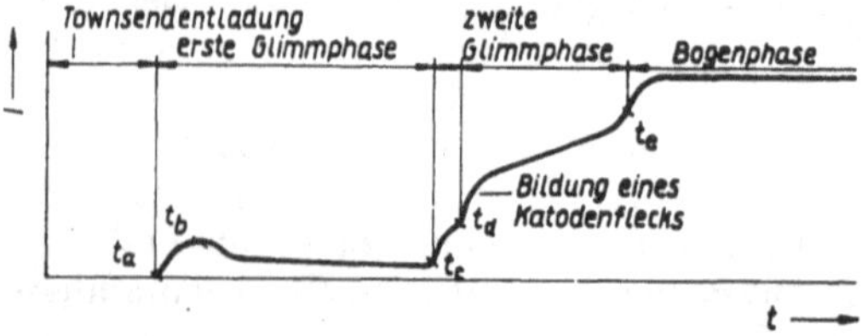

Abb. 36. Schematische Darstellung des Stromanstiegs bzw. des Spannungsabfalls an einer Funkenstrecke bei einer Kabelentladung ($Z_0 = 50\,\Omega$) [143].

Der Übergang zur diffusen Glimmentladung. Die erste Stufe im Spannungsrückgang ($t_b - t_c$) entspricht ganz offensichtlich einer kurzzeitig stabilen Glimmentladung, wie man sowohl aus den elektrischen Daten als auch aus Streak- und Einzelbildaufnahmen mit Bildwandler und Bildverstärker erkennt. Der Übergang vom Townsend-schen Mechanismus der Lawinengenerationen, der beim statischen Durchschlag und bei geringen Überspannungen die Entladung einleitet, zu dieser Glimmentladung ($t_a - t_b$) ist mit einer Serie von Leuchtfronten bzw. Ionisierungswellen verbunden, die die Strecken durchlaufen und die in N_2 experimentell ausführlich untersucht [145, 146, 149] sowie in H_2 theoretisch behandelt wurden [37].

Die erste Front, die etwa in der Mitte der Strecke sichtbar wird, läuft mit einer Geschwindigkeit von etwa $3 \cdot 10^7$ bis $1 \cdot 10^8$ cm/s, die mit steigendem Druck zunimmt (N_2; $p = 100 \cdots 300$ Torr), zur Katode. Nach der Ankunft dieser Front an der Katode entsteht dort ein hell leuchtender Bereich, der sich nun mit etwas größerer Geschwindigkeit ($1 \cdots 3 \cdot 10^8$ cm/s) auf die Anode zubewegt.

Nachdem diese zweite Front die Anode erreicht hat, ist in der Entladungsstrecke eine diffuse Glimmentladung etabliert. DORAN 1968, 1969 [145, 146] weist danach noch zwei weitere, schwächere Leuchtfronten nach, die aufeinanderfolgend die Strecke durchlaufen.

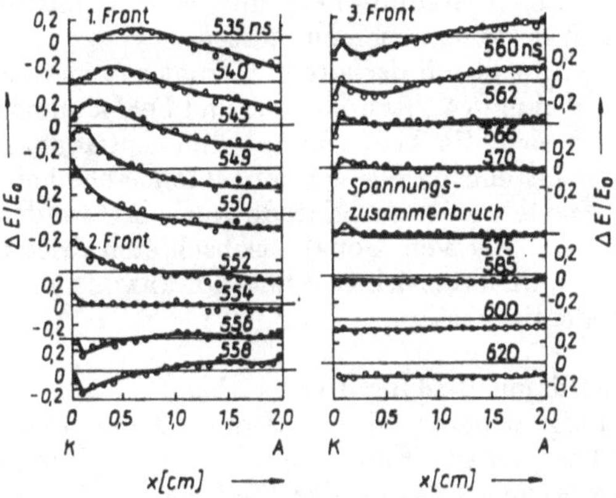

Abb. 37. Feldverteilung in der Entladungsstrecke während des Überganges von der TOWNSEND-Entladung zur Glimmentladung, gewonnen aus der Emission im optischen Spektralbereich. N_2, 300 Torr, 2 cm [146].

Die erste Leuchtfront wird übereinstimmend auf die Entwicklung der positiven Raumladung, die nach den ersten Lawinengenerationen an der Anode entstanden ist, in Richtung auf die Katode zurückgeführt, wodurch sich ein Gebiet erhöhten Feldes und damit auch verstärkter Ionisation auf die Katode zubewegt (s. Abb. 37). Wenn die Front die Katode erreicht hat, kommt es zu einer Kompensation der positiven Raumladung und demzufolge zu einem Feldabbau an der Katode, wodurch das Feldmaximum von der Katode zur Anode verschoben wird (zweite Front). Über den Mechanismus, der die zur Raumladungskompensation notwendigen Elektronen bereitstellt, herrschen unterschiedliche Vorstellungen. Während KÖHRMANN 1964 [37] auf Grund der hohen Feldstärke einen Katodenfallmechanismus mit hohem Spannungsbedarf und geringer Stromdichte bei Nachlieferung der Elektronen nur durch Fotoeffekt annahm, spricht DORAN 1968 [145] von einem „noch nicht untersuchten Mechanismus“, während CHALMERS u. a. 1972 [149] sogar glauben, bereits in diesem Stadium Feld- und/oder thermische Emission der Katode bemühen zu müssen.

Zweifellos wird es nach der zweiten Front zu einer erneuten Umverteilung von Raumladung und Feld kommen müssen, bevor sich die beobachtete Glimmentladungskonfiguration einstellt, da das von ihr hinterlassene hohe Feld an der Anode wieder zur Katode geschoben werden muß, wie das mit der von DORAN beobachteten dritten Front geschieht, die offensichtlich mit KÖHRMANNS Ionisationswelle identisch ist.

Die diffuse Glimmentladung. Der im Ablauf der Leuchtfronten ständig zunehmende Entladungsstrom (nach KÖHRMANN hat sich die Elektronendichte nach Durchlaufen der Ionisationswelle auf das Vierfache erhöht) gelangt nun in den Ampére-Bereich und führt — bei einer Entladung mit konzentrierter Kapazität durch den Ladungsabbau, bei einer Kabelentladung durch die Spannungsteilung infolge des Serienwiderstandes — zu einer Abnahme der Spannung an der Strecke. Die Spannungsabnahme führt auf 0,5 ··· 0,8 U_0. Hier tritt nun i. a. ein Plateau im Spannungsverlauf auf, dessen Länge mit der Größe des strombegrenzenden Serienwiderstandes abnimmt, so daß bei geringen Widerständen keine Stufe nachweisbar ist [143, 86]. Ferner nimmt die Länge der Glimmphase ab mit zunehmendem Druck, so daß KEKEZ u. a. 1970 [143] in H_2 bei $p > 120$ Torr und einem Elektrodenabstand von 5 mm die erste Glimmstufe kaum noch nachweisen konnten. Bei Elektrodenabständen ≤ 2 mm ließ sich die Glimmstufe noch bis zu 1600 Torr, ebenfalls in H_2, nachweisen [130]. Der Einfluß des Elektrodenabstandes wird nicht einheitlich angegeben.

Einen wesentlichen Einfluß auf die Dauer der ersten Glimmphase hat weiter der Grad der Homogenität des

Feldes: während sie im homogenen Feld sehr ausgeprägt ist und lange andauert, wird sie mit zunehmender Inhomogenität des Feldes kürzer und kann schließlich bei punktförmigen Elektroden völlig verschwinden [143, 139].

In Krypton ist die erste Glimmphase mit einem geringeren Strom und damit einer höheren Spannung verbunden als in Wasserstoff; das Plateau ist auch nicht so ausgeprägt [143].

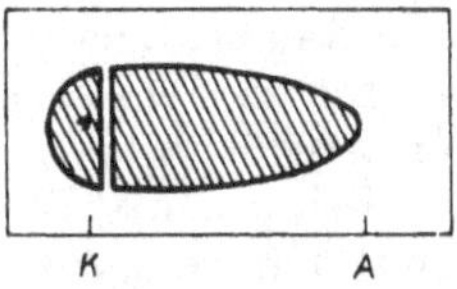

Abb. 38. Nach einer Aufnahme des diffusen Glimmstadiums mit dem Bildverstärker. Folgende axiale Gliederung ist zu erkennen: negatives Glimmlicht, FARADAYscher Dunkelraum, positive Säule [139]. Entladung in H_2, 600 Torr, 0,1 cm; Belichtung von Beginn der Entladung bis kurz nach t_b (s. Abb. 36), Dauer der Belichtung etwa 25 ns.

Wenden wir uns nun der optischen Erscheinung dieser Glimmentladung zu. Die Aufnahmen mit dem Bildverstärker von DORAN und MEYER 1967 [139] bzw. von CAVENOR und MEYER 1969 [141] zeigen für die Zeit $t_b - t_c$ (s. Abb. 36), d. h. für die Zeit der ersten Stufe im Strom- bzw. Spannungsverlauf, eine diffuse Entladung mit einer axialen Gliederung, wie sie auch für eine stationäre Glimmentladung typisch ist. Man kann das negative Glimmlicht, den FARADAYschen Dunkelraum und die positive Säule unterscheiden (Abb. 38, [139]).

Am ausführlichsten wird diese diffuse Glimmentladung, die in Wasserstoff bei 500 Torr einen Durchmesser von etwa 1 mm hat, von CAVENOR und MEYER 1969 [141] diskutiert.

Durch Variation des Elektrodenabstandes wurde eine Katodenfallspannung von 220 V ermittelt, die recht gut mit Werten der stationären Niederdruckentladung übereinstimmt (Elektrodenmaterial: Messing). Durch diese gute Übereinstimmung zur Anwendung von Ähnlichkeitsrelationen ermutigt, erhält man aus

$$pd_{\text{Fall}} = 0{,}8 \text{ Torr cm}$$

eine Fallraumlänge $d_{\text{Fall}} = 1{,}6 \cdot 10^{-3}$ cm. Damit ergibt sich im Fallraum ein mittleres Feld von $E_{\text{Fall}} = 1{,}4 \cdot 10^5$ V/cm. Eine unabhängige Abschätzung der Fallraumfeldstärke folgt aus der Annahme, daß die Raumladung vor der Katode solange anwächst, bis die für die Ionisation optimale Feldstärke erreicht ist. In Wasserstoff liegt dieser Wert bei $E/p = 300$ V/cm Torr, und bei $p = 500$ Torr folgt daraus in guter Übereinstimmung mit dem zuvor erhaltenen Wert $E_{\text{Fall}} = 1{,}5 \cdot 10^5$ V/cm.

Ferner kann man die Reichweite der im Katodenfall beschleunigten Elektronen mit der Länge des negativen Glimmlichtes gleichsetzen. Elektronen von 220 eV haben eine Reichweite von $4{,}0 \cdot 10^{-3}$ cm; folglich sollte das negative Glimmlicht $5{,}6 \cdot 10^{-3}$ cm von der Katodenoberfläche entfernt enden. Eine Abschätzung für diesen Wert aus den fotografischen Aufnahmen ergab $5 \cdot 10^{-3}$ cm. Offenbar sind also Beziehungen, die für die stationäre Niederdruck-Glimmentladung gelten, auch mit Erfolg auf die nur kurzzeitig stabile Glimmentladung, die beim Übergang zum Funken auftritt, anzuwenden.

Die fadenförmige Glimmentladung. Bei geringen Drükken tritt vor dem endgültigen Zusammenbruch der Spannung auf Werte, wie sie für Bögen charakteristisch sind, noch eine zweite Stufe im Spannungsabfall auf ($t_d - t_e$ in Abb. 36). Bei höheren Drücken verschwindet die Stufe ganz [139].

Das Auftreten dieser Stufe ist verbunden mit einer fadenförmigen Glimmentladung, die ebenso wie die vorangegangene Phase der diffussen Glimmentladung durch die typische axiale Struktur gekennzeichnet ist (Abb. 39). Die Entwicklung dieser kontrahierten Entladung geht offenbar in radialer und in axialer Richtung vor sich.

Nach [139] und [141] schnürt sich die diffuse Glimmentladung zunächst an der Anode ein (Abb. 40). Diese Kontraktion der Entladung setzt sich dann in Richtung auf die Katode zu fort, bis die gesamte Entladung ein-

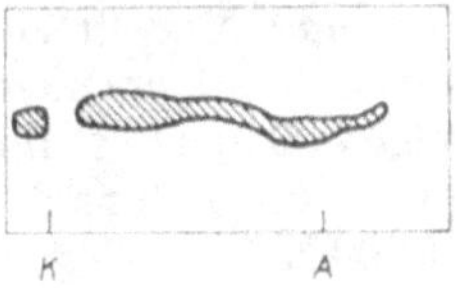

Abb. 39. Nach einer Aufnahme des fadenförmigen Glimmstadiums mit dem Bildverstärker [139]. Entladung wie in Abb. 38, Belichtung kurz vor dem Übergang in das stromstarke Stadium ($t < t_e$ in Abb. 36).

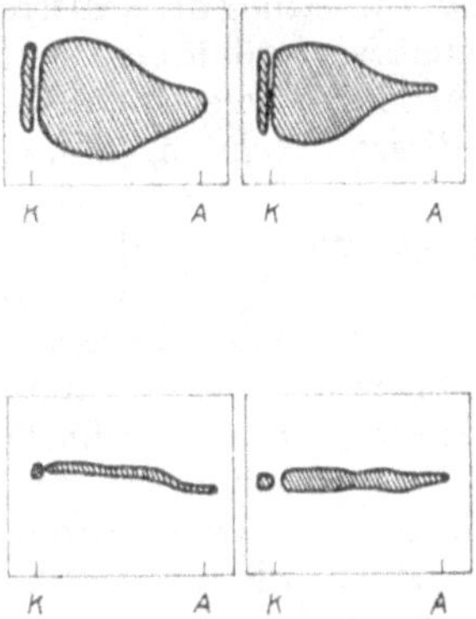

Abb. 40. Der Übergang vom diffusen zum fadenförmigen Glimmstadium, nach [141]. Entladung in H_2, 500 Torr, 0,18 cm (von links nach rechts unten).

schließlich des negativen Glimmlichtes ihren Durchmesser auf ca. 10^{-2} cm, d. h. auf etwa ein Zehntel des Durchmessers der diffusen Glimmentladung herabgesetzt hat. Da beim Übergang von der diffusen zur fadenförmigen Entladung auch der Strom um etwa den Faktor 3 zunimmt, muß man mit einer Stromdichteerhöhung von etwa 10^3 A/cm^2 auf über 10^5 A/cm^2 rechnen.

Zu dem hier vorliegenden Kontraktionsmechanismus gibt es eine Arbeit von Rogoff 1972 [151], die unter Berücksichtigung der Aufheizung der schweren Teilchen durch Elektronenstoß sowie gasdynamischer Ausdehnung für die experimentellen Verhältnisse von Cavenor und Meyer 1969 [141] (H_2, 500 Torr, 1,8 mm) Modellrechnungen enthält, die zumindest qualitativ eine entsprechende Einschnürung des Strompfades zeigen. Danach ist die Gastemperatur in der Achse ca. 80 ns nach Ausbildung der diffusen Glimmentladung auf über 5000 K angestiegen, die Gasdichte hat sich um 20% verringert, und der Radius des stromführenden Gebietes hat sich um 30% verringert.

Die Einschnürung des Strompfades stellt sich hier als eine Folge der Änderung der Gasdichteverteilung durch die radiale Expansion infolge der Aufheizung der schweren Teilchen dar. Nun setzt aber bereits ab 2000 K eine merkliche Dissoziation ein (bei ca. 4000 K ist die Hälfte aller Moleküle dissoziiert), die in diesen Rechnungen nicht berücksichtigt ist.

Man kann annehmen [152], daß die Dissoziation des molekularen Wasserstoffs eine zusätzliche Kontraktion bewirkt, da beim Stoß von Elektronen mit Wasserstoffatomen wesentlich geringere Energieverluste auftreten als beim Stoß mit Molekülen, die Elektronen also schneller werden, und da ferner das Ionisationspotential des Atoms kleiner ist als das des Moleküls. Auf diese Weise wird die Achse, in der infolge des Temperaturprofils zuerst Atome auftreten, vom Strom bevorzugt, wodurch es zu einer weiteren Aufheizung der zentralen Bereiche und einer Abkühlung der Randzone kommt.

Damit wäre die starke Kontraktion in Wasserstoff zumindest qualitativ erklärt und Übereinstimmung mit der Beobachtung von Meyer 1969 [142] erzielt, daß mit der Ausbildung der fadenförmigen Glimmentladung das Dissoziationskontinuum im nahen UV, das typisch für molekularen Wasserstoff ist, in der Intensität abklingt, während die Balmer-Linien im Spektrum erscheinen und in ihrer Intensität stark zunehmen. Aus dem Linienprofil von H_γ wurden für die fadenförmige Glimmentladung Elektronendichten zwischen 10^{17} und 10^{18} cm^{-3} bestimmt (H_2, 650 Torr, 0,12 cm), während am Ende der diffusen Glimmphase die Elektronendichte noch bei 10^{15} cm^{-3} liegt. Die Elektronentemperaturen betragen in der fadenförmigen Glimmphase etwa $6 \cdot 10^4$ K; sie nehmen mit der Zeit ab. Auch ein Vergleich mit experimentellen Ergebnissen in Krypton von KEKEZ u. a. 1970 [143] legt nahe, daß eine ausgeprägte zweite Glimmphase nur in Molekülgasen zu erwarten ist und daß die Parameter dieser Phase wesentlich vom Dissoziationsvorgang geprägt werden. Eine gewisse Inkonsistenz bezüglich der zweiten, fadenförmigen Glimmphase ergibt sich aber gerade aus den neueren Arbeiten von KEKEZ u. a. [143, 144]. Im Gegensatz zu den Arbeiten von DORAN, CAVENOR und MEYER [139, 141] nehmen sie an, daß in dieser Phase der Katodenfall bereits zusammengebrochen ist und damit der Hauptteil der Spannung an der positiven Säule abfällt. Abgesehen davon, daß der Katodenfall auch im Stadium der diffusen Glimmentladung nur einen geringen Anteil an der Gesamtspannung hat (ca. 10% bei nicht zu kurzen Entladungsstrecken), erscheint es auch wenig sinnvoll, eine Entladungsform ohne ausgeprägten Katodenfall weiter als Glimmentladung zu bezeichnen.

Wie Messungen von CAVENOR und MEYER [141] zeigen, verdoppelt sich im Gegensatz zu diesen Annahmen der Katodenfall, und diese Aussage erscheint sehr plausibel, da sich die Entladung infolge der Einschnürung und der damit verbundenen starken Zunahme der Stromdichte in einem zur anomalen Glimmentladung analogen Stadium befinden dürfte.

Der in Abb. 36 angegebene Übergang $t_c - t_d$ von der diffusen zur fadenförmigen Glimmentladung wird in dieser Form nur in inhomogenen Feldern gefunden und tritt im homogenen Feld nicht auf [144].

KEKEZ u. a. 1972 [144] versuchten eine modellmäßige Behandlung des zweiten, fadenförmigen Glimmstadiums in Anlehnung an die Arbeiten von DICKEY 1952 [152] und

Mesyats u. a. 1969 [153], die für den Spannungsabfall bei hoher Überspannung, wie er etwa von Fletcher 1949 [154] gemessen wurde, eine Modellrechnung unter Verwendung des ersten Townsendschen Ionisierungskoeffizienten und der Driftgeschwindigkeit der Elektronen im Neutralgas angeben. Ungeachtet der Tatsache, daß die Rechnung in gewissen Parameterbereichen den Spannungsverlauf über ca. 100 ns gut wiedergibt, erscheint eine Berücksichtigung des Einflusses der Ladungsträger sowohl auf die effektive Ionisierung als auch auf den Ladungstransport unumgänglich, selbst wenn man gewisse Zweifel an den spektroskopischen Untersuchungen Meyers 1969 [142] hegen sollte, wonach das Entladungsplasma bereits in der zweiten, fadenförmigen Glimmphase praktisch vollständig ionisiert ist.

Die Herausbildung eines Katodenflecks. Bereits Schröder 1965 [138], der in Luft in der Nähe von Atmosphärendruck arbeitete und dabei die zweite Glimmphase mit erfaßte, ohne sie ausdrücklich zu erwähnen, führt den Übergang von der diffusen Glimmentladung zur fadenförmigen Entladung auf einen Wechsel im Katodenmechanismus von einem Fotoemissionsprozeß zu Feld- oder Thermoemission zurück, die mit der Bildung eines Katodenflecks verbunden ist. Doran und Meyer 1967 [139] sind auf Grund der ausgeprägten Glimmstruktur der zweiten Glimmphase der Ansicht, daß der Übergang von einem γ_{ph}-Prozeß zur Feldemission an der Katode erst bei der Ausbildung des Funkens erfolgt (t_e in Abb. 36) und nicht schon bei der ersten Ausbildung des fadenförmigen Kanals. Ein Katodenfleck wird von ihnen nicht ausdrücklich erwähnt.

Auch Cavenor und Meyer 1969 [141] entnehmen ihren Experimenten, daß während der zweiten Stufe im Spannungsabfall, während der die Entladung bereits fadenförmig ist, der hohe Katodenfall noch erhalten ist bzw. daß er gegenüber der diffusen Glimmentladung sogar noch zugenommen hat, und daß daher erst beim Übergang zum Funken eine Änderung des Katodenmechanismus von einem γ-Prozeß zu Feldemission stattfindet, die dann zu einem Zusammenbruch des Katodenfalls führt.

Im Gegensatz zu diesen Ergebnissen der australischen Gruppe gelangen KEKEZ u. a. 1970 [143] zu dem Ergebnis, daß das zweite, fadenförmige Glimmstadium bereits durch das Verschwinden des FARADAYschen Dunkelraums und den Zusammenbruch des Katodenfalls gekennzeichnet ist, und daß dieses Stadium durch die Bildung eines Katodenflecks eingeleitet wird. Man fragt sich, warum die Autoren unter diesen Umständen bei der Bezeichnung „Glimmentladung" für diese Phase bleiben. Auch in einer späteren Arbeit [144] wird diese Inkonsequenz beibehalten.

Unter Berücksichtigung der Ausführungen im Anschluß an die Diskussion der Arbeit von ROGOFF 1972 [152] über den Einfluß der Dissoziation auf die Einschnürung des Entladungskanals (s. S. 60/61) erscheint eine fadenförmige Glimmphase durchaus möglich, d. h., die Einschnürung der Entladung würde in diesem Falle nicht mit einer Änderung des Katodenmechanismus zusammenhängen, sondern mit Volumenprozessen.

Übergang zum Bogenstadium bzw. zum Funken. Wenn es der äußere Kreis erlaubt, dann tritt nach Abschluß der zweiten, fadenförmigen Glimmphase und der Bildung eines Katodenflecks ein letzter Spannungsabfall zu Werten auf, wie sie für Bogenentladungen charakteristisch sind.

Dieser Spannungsabfall bzw. Stromanstieg ist verbunden mit der Überbrückung des FARADAYschen Dunkelraumes und der anschließenden Ausbreitung von hell leuchtenden Filamenten von den Elektroden her, die sich in der Strecke treffen, wodurch eine hochleitende Verbindung hergestellt wird, die nach kurzer Zeit zum Zusammenbruch der Spannung bis auf Bogenwerte führt. Über die Ursachen und die Reihenfolge der Ausbreitung dieser Filamente liegen unterschiedliche Angaben vor.

Während bereits SCHRÖDER 1965 [138] nach der Ausbildung des anodengerichteten Filamentes an der Katode ein weiteres Filament beobachtete, daß von der Anode her in die Strecke vordringt, berichten DORAN und MEYER 1967 [139], MEYER 1967 und 1969 [140, 142] nur von anodengerichteter Ausbreitung (evtl. wegen ihres geringen Elektrodenabstandes $< 0{,}2$ cm). Auch DORAN 1968 [145] berichtet über ein zweites Filament, das sich im Anschluß an das erste von der Anode her entwickelt.

KEKEZ u. a. 1970 [143], die auch bei geringen Drücken arbeiteten, stellten fest, daß die Entwicklung des katodengerichteten Filaments erst bei höheren Drücken verzögert einsetzt, während bei geringeren Drücken die Filamente von beiden Elektroden etwa gleichzeitig ausgehen. CHALMERS u. a. 1972 [149] teilten schließlich mit, daß bei ihren Untersuchungen der Start sowohl an der Katode als auch an der Anode einsetzen konnte. Sie führten dies auf Konditionierungseffekte an den Elektroden zurück.

Für Luft, H_2 und N_2 bei einigen 10 bis 100 Torr werden Ausbreitungsgeschwindigkeiten zwischen $1{,}6 \cdot 10^6$ und $2 \cdot 10^7$ cm/s in axialer Richtung angegeben, wobei die Geschwindigkeiten stets mit dem Druck zunehmen.

MEYER 1969 [142] sieht die Ursache für die Ausbreitung in einem starken Druckgradienten nahe der Katode, der sich in Form einer axialen Stoßwelle ausgleicht. Dieser Druckgradient soll bei der Überbrückung des FARADAYschen Dunkelraumes durch einen engen Faden hoher Stromdichte entstehen, wobei im Gegensatz zu Annahmen in einer früheren Arbeit von MEYER [140] thermisches Gleichgewicht zwischen schweren und leichten Teilchen angenommen wird. Berichtigt man bei MEYER einen Irrtum bezüglich des Verhältnisses der spezifischen Wärmen (statt $\varkappa = 1{,}2$ gilt für vollständig ionisierten Wasserstoff $\varkappa = 1{,}67$; s. z. B. ARTMANN 1965 [155]), so liegt die errechnete Schallgeschwindigkeit nur etwa 15% unterhalb der gemessenen Ausbreitungsgeschwindigkeit und könnte damit evtl. noch innerhalb der Fehlergrenzen liegen. Akzeptiert man jedoch die Stoßwellenvorstellung, so gelangt man mit dem korrigierten $\varkappa$ zu einer Machzahl $M = 1{,}17$

und erhält nach [156]

$$\frac{\varrho_1}{\varrho_0} = \frac{(\varkappa + 1) M^2}{(\varkappa - 1) M^2 + 2}$$

einen Dichtesprung an der Front von $\varrho_1/\varrho_0 = 1{,}25$; dieser Wert stimmt gut mit dem gefundenen Elektronendichteverlauf überein.

Einen ganz anderen Zugang zur Behandlung dieses anodengerichteten Filaments suchen CHALMERS u. a. 1972 [149]. Offenbar tritt bei ihren Experimenten in Stickstoff das Stadium der fadenförmigen Glimmentladung nicht ausgeprägt in Erscheinung, und so verwenden sie den bei dieser Entladungsphase bereits diskutierten Einfluß der Dissoziation, um den Übergang in das Funkenstadium zu erfassen.

Aus der Bedingung, daß in dieser Phase die eingespeiste elektrische Energie völlig zur Dissoziation aufgewendet wird, gelangen sie zu Geschwindigkeiten, die mit den experimentellen Werten gut übereinstimmen. Die Zunahme der Geschwindigkeit mit dem Druck wird auf die Erhöhung der zugeführten Energierate infolge der größeren Durchschlagsspannung zurückgeführt.

2.1.2. Der Spannungszusammenbruch bei höherer Überspannung

Mit Zunahme der Überspannung an der Entladungsstrecke verringert sich die Dauer der Glimmstufe im Spannungsverlauf bei Stickstoff (CHALMERS 1971 [157]). Oberhalb einer bestimmten Überspannung ist die Stufe dann ganz verschwunden, und die Spannung fällt in einem Zug bis auf Werte, wie sie für den Bogen charakteristisch sind.

Über die Leuchterscheinungen in der Strecke liegen unterschiedliche Darstellungen vor, die sich z. T. widersprechen. Während nach WAGNER 1967 [43] und KOPPITZ 1971 [51] im Anschluß an die Überbrückung der Strecke durch katoden- und anodengerichteten Streamer schnelle Ionisierungswellen von den Elektroden her in die Entladung einlaufen und den Spannungszusammenbruch einleiten, finden CHALMERS und DUFFY 1971 [148] sowie CHALMERS u. a. 1972 [149] diese einlaufenden Fronten nicht.

Vielmehr entwickelt sich bei den Experimenten dieser Autoren in der Entladungsstrecke an dem Ort, an dem die Primärlawine kritisch wird, zunächst eine Dunkelzone, von der dann nach einigen zehn Nanosekunden (die Zeitspanne wird mit wachsendem Gasdruck kürzer) ein stark leuchtendes Gebiet sich fadenförmig zu den Elektroden hin ausdehnt. Die Geschwindigkeit zur Katode hin ist i. a. etwas größer, beide Geschwindigkeiten wachsen mit zunehmendem Druck und liegen im Bereich von etwa $5 \cdot 10^6$ bis $5 \cdot 10^7$ cm/s. Wenn diese langsamen Leuchterscheinungen die Strecke überbrückt haben, ist der Spannungsabfall beendet. Es scheint nicht ausgeschlossen, daß sich dieses relativ langsame „bogenbildende" Stadium an die zuvor erwähnten schnellen Ionisierungsvorgänge ($\lesssim 10^9$ cm/s) anschließt, die von der britischen Gruppe „übersehen" wurden (s. Abb. 8 (ii) in [149]).

Unabhängig von diesen Unterschieden in der Darstellung der Leuchterscheinungen ist man sich jedoch darüber einig, daß der Spannungszusammenbruch erst beginnt, nachdem die Streamer die Elektroden erreicht haben.

Besonderheiten beim Spannungszusammenbruch treten in elektronegativen Gasen auf. Hier wurden selbst beim statischen Durchschlag keine Glimmstufen beobachtet, der Zusammenbruch erfolgt vielmehr in einem Zug bis auf das Niveau der Funkenspannung, wie es im Stickstoff erst oberhalb einer bestimmten Überspannung der Fall ist (O_2, SF_6; [149]).

CHALMERS u. a. 1972 [149] nehmen an, daß in O_2 auch bei geringen Überspannungen bereits 10^8 Elektronen in der Primärlawine erreicht werden, wodurch an sich ein schneller, raumladungsbestimmter Mechanismus ermöglicht wird. Die schnelle Ausbreitung zur Anode, die von ihnen beobachtet wird, ist jedoch nicht von einer katodengerichteten Front begleitet. Die hierzu notwendige Erzeugung von Sekundärelektronen an der Katode soll vielmehr durch Fotonenresonanz-Verzögerung [158] zunächst verhindert werden, und entsprechend der verlängerten Fotonenlaufzeit erst später einsetzen. Dadurch ließen sich die beobachteten langen Verzögerungszeiten zwischen der Passage der ersten Lawine und dem Beginn der Kanalentwicklung erklären. Allerdings kann man in O_2 wegen $\gamma \approx 10^{-6}$ [112] nur dann mit Trägerzahlen $\geqq 10^8$ in der Primärlawine rechnen, wenn die Zahl der Startelektronen $\geqq 10^2$ ist. Bei den dieser Diskussion zugrunde liegenden Experimenten [149] wurde die Entladung mit einer Impulsbelichtung der Katode eingeleitet, die in der Tat etwa 10^3 Elektronen freisetzte.

Ein noch komplizierteres Bild ergibt sich in SF_6. Obwohl die Spannung sowohl bei geringer als auch bei höherer Überspannung in etwa der gleichen Weise in einem Zug bis auf die Bogenspannung abfällt (natürlich nach unterschiedlich langen Aufbauzeiten), unterscheiden sich doch die Leuchterscheinungen in den stromstärkeren Phasen nach Beginn des Zusammenbruchs beträchtlich. Hingegen ist auch für die SF_6-Entladung unabhängig von der Überspannung zunächst eine ähnliche Entwicklung wie in O_2 typisch. Ein leuchtendes Filament überbrückt die Strecke in einer Zeit, die kürzer als die Elektronenlaufzeit ist, so daß man annehmen muß, daß auch hier wieder Trägerzahlen $\gtrsim 10^8$ in der Primärlawine erreicht werden ($\gamma \approx 10^{-7}$ [80]; d. h., es werden mindestens 10 Startelektronen benötigt, was in den Experimenten sicher stets realisiert ist).

Anschließend bilden sich jedoch, teils von den Elektroden her, teils in der Strecke, recht komplizierte Leuchterscheinungen aus, die durch einen fleckartigen Elektrodenansatz, konus- oder glockenförmige Gestalt und durch Dunkelräume gekennzeichnet sind, die sich damit doch beträchtlich von den Erscheinungen in den übrigen Gasen, auch in O_2, unterscheiden.

Wir haben in diesem Abschnitt 2.1. versucht, den Stand der Erkenntnisse zum Übergang einer Gasentladungsstrecke in einen gut leitenden Zustand darzustellen und zu kommentieren für den Fall, daß sich stabilisierende Impedanzen im Entladungskreis befinden. Typisch für den Übergang unter diesen Bedingungen ist die Ausbildung einer transienten Hochstrom-Glimmentladung, wie sie für Impulsgaslaser verwendet wird.

Es existiert ein umfangreiches phänomenologisches Material; ferner liegen für einzelne Abschnitte dieser Entwicklung — etwa zur axialen Gliederung der diffusen Glimmentladung, zur Einschnürung dieser Entladung oder zur Ausbreitung des anodengerichteten Filaments beim Übergang zum Bogenstadium — Deutungsversuche vor, ohne daß sich bereits ein einheitliches und geschlossenes Bild ergibt. Die Untersuchungen in den höhermolekularen Gasen stehen noch ganz am Anfang und werden sicher eine Reihe interessanter Ergebnisse bringen.

2.2. *Ansätze zur Beschreibung induktionsarmer Funkenentladungen*

Im vorigen Abschnitt wurde gezeigt, wie insbesondere in Abhängigkeit vom äußeren Entladungskreis die Form des Spannungszusammenbruches an der Entladungsstrecke variieren kann. Dabei war das Auftreten mindestens einer Glimmstufe im Spannungsverlauf für solche Entladungen typisch, die bei der statischen Durchschlagsspannung oder bei geringer Überspannung begannen und die außerdem von induktiven oder Ohmschen Widerständen beeinflußt wurden. Solche transienten Glimmentladungen sind z. B. für den Betrieb von Impulsgaslasern von Interesse (Livey u. a. 1974 [159]). Ist man jedoch an stromstarken thermischen Funkenentladungen interessiert, wie sie etwa als Impulslichtquellen oder als Schalter verwendet werden, so wird man Glimmstufen möglichst vermeiden wollen. Dies geschieht durch einen induktions- und verlustarmen Aufbau der Entladung, so daß die Entladung der Speicherkapazität allein durch den Widerstand der Funkenstrecke gesteuert wird, dessen Verhalten seinerseits vom Spannungs- und Ladungsangebot abhängt.

Wir wollen uns im folgenden mit Ansätzen zur Beschreibung des elektrischen Verhaltens solcher induktionsarmen Funkenentladungen befassen.

Eine Entladung wollen wir als induktionsarm bezeichnen, wenn während ihres gesamten Ablaufs gilt:

$$L \mathrm{d}I/\mathrm{d}t \ll IR = U, \tag{43}$$

wobei L die Induktivität des Entladungskreises, I der Strom, R der Funkenwiderstand und U die Spannung an

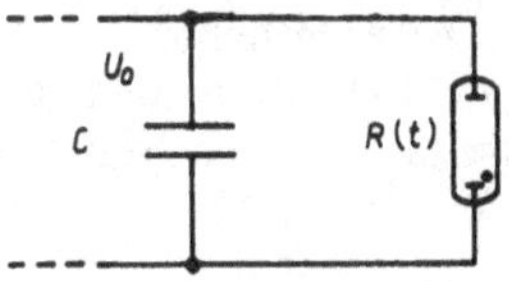

Abb. 41. Induktionsarmer Entladungskreis (schematisch).

der Funkenstrecke sind. Der Spannungsabfall an der Induktivität soll also zu jeder Zeit gegenüber dem Spannungsabfall an der Funkenstrecke zu vernachlässigen sein. Abb. 41 zeigt den im weiteren zu betrachtenden Entladungskreis. Man erhält nach dem KIRCHHOFFschen Gesetz

$$U = IR = U_0 - \frac{1}{C} \int_0^t I \, \mathrm{d}t' \tag{44}$$

für U, die Spannung an der Funkenstrecke; U_0 ist die Ladespannung. Die Entladung wird nach erfolgtem Durchschlag von dem zeitlichen Verlauf des Funkenwiderstandes bestimmt, der seinerseits zu jedem Zeitpunkt von der bis dahin abgelaufenen Entladung abhängt. Eine Lösung der sog. Kreisgleichung (44) ist daher nur möglich unter Hinzunahme von Beziehungen plasmaphysikalischer Natur über das Verhalten des Funkenwiderstandes.

Der Widerstand läßt sich zunächst auf eine spezifische Größe, die elektrische Leitfähigkeit σ zurückführen, wobei wir — wie im folgenden stets — homogene Verhältnisse im Kanal annehmen:

$$R = \frac{d}{\sigma \pi r^2} \tag{45}$$

mit d — Elektrodenabstand und r — Radius des Funkenkanals. Die elektrische Leitfähigkeit ist mit den Plasmaparametern Temperatur T und Elektronendichte n_e verknüpft, wobei wir annehmen, daß bereits zu Beginn des Spannungszusammenbruchs ein beträchtlicher Ionisationsgrad erreicht wird (Tholl 1970 [194]), so daß wir die Beziehung für vollständige Ionisation nach Spitzer 1962 [176] verwenden können:

$$\sigma = \frac{1{,}53 \cdot 10^{-4}\, T^{3/2}}{\ln\,(3kTr_s/q^2)} \tag{46}$$

mit k — Boltzmann-Konstante, e — Elementarladung und r_s — Abschirmkonstante, die ihrerseits noch von T und n_e abhängt. Elektronendichte und Temperatur hängen für den Fall des thermischen Gleichgewichtes und bei Berücksichtigung nur einer Ionisierungsstufe über die Saha-Gleichung zusammen:

$$\frac{n_e n_i}{n_0} = \frac{2u_i}{u_0} \frac{(2\pi m_e kT)^{3/2}}{h^3}\, \mathrm{e}^{-\frac{eU_i - \Delta eU_i}{kT}} \tag{47}$$

mit n_i, n_0 — Konzentration der Ionen bzw. Neutralen, u_i, u_0 — Zustandssummen der Ionen bzw. Neutralen, m_e — Masse des Elektrons, h — Plancksches Wirkungsquantum, eU_i — Ionisierungsenergie, ΔeU_i — deren Erniedrigung, die ihrerseits noch von T und n_e abhängt.

Ferner gilt die thermische Zustandsgleichung

$$p = (n_0 + n_i + n_e)\, kT\,, \tag{48}$$

wobei p der Druck ist (der Einfachheit halber betrachten wir hier ein atomares Gas).

Berücksichtigt man wieder nur die erste Ionisierungsstufe, so gilt

$$n_e = n_i\,. \tag{49}$$

Eine weitere Beziehung zwischen den Größen des elektrischen Kreises und den Plasmaparametern wird von der Energiebilanz des Entladungsplasmas geliefert:

$$\int_0^t I^2 R\, \mathrm{d}t' = \left[\frac{3}{2}\,(n_0 + 2n_e)\, kT + n_e e U_i\right] \pi r^2 d + 4\pi d \int_0^t \pi r^2 \varepsilon\, \mathrm{d}t' + 2\pi d \int_0^t r p v\, \mathrm{d}t'\,. \tag{50}$$

Dabei ist ε der Emissionskoeffizient des Plasmas und v die Ausbreitungsgeschwindigkeit des Kanalrandes.

Das erste Glied auf der rechten Seite der Energiebilanz entspricht der inneren Energie des Plasmas, das zweite Glied der Abstrahlung, die aus optisch dünner Schicht erfolgen soll, und das dritte Glied stellt die Ausdehnungsarbeit dar, die vom Entladungsplasma verrichtet wird. Diese Energiebeträge müssen von der eingespeisten elektrischen Energie, die links steht, aufgebracht werden. Verluste durch Wärmeleitung sind wegen der Kürze der hier betrachteten Zeiten von vornherein zu vernachlässigen.

Der Emissionskoeffizient kann grundsätzlich als Funktion von n_e und T berechnet werden:

$$\varepsilon = \varepsilon(n_e, T)\,. \tag{51}$$

Für die Ausbreitungsgeschwindigkeit v des Kanalrandes existiert ein Zusammenhang mit der im Kanal umgesetzten Energie (Drabkina 1951 [160], Braginskij 1958 [136], Morgenroth u. a. 1961 [161]):

$$v = v\left(\int_0^t I^2 R \,\mathrm{d}t', t\right), \tag{52}$$

wobei die Geschwindigkeit zur Zeit t um so größer ist, je größer die bis dahin umgesetzte elektrische Energie ist; und es gilt schließlich

$$v = \frac{\mathrm{d}r}{\mathrm{d}t}. \tag{53}$$

Eine Lösung dieses Systems von Gleichungen (44) bis (53) unter Vorgabe der Parameter des Entladungskreises C und U_0 sowie der äußeren Parameter der Entladungsstrecke d, p_0 und der Gasart ist bisher noch nicht versucht worden. Es existieren jedoch Teillösungen für spezielle Fälle, die gewisse Vernachlässigungen erlauben und bei denen experimentelle Ergebnisse verwendet werden. Dabei ist typisch eine gewisse Entkopplung zwischen den Vorgängen im Entladungsplasma und dem elektrischen Kreis. Eine Teillösung für das Verhalten der elektrischen Größen einer solchen Entladung beruht auf der Annahme, daß ein Zusammenhang zwischen dem Widerstand der Entladung und dem bereits geflossenen Strom besteht.

Funkengesetze. Diese Ansätze werden in der Literatur oft als „Funkengesetze" bezeichnet; Gündel 1973 [162] gibt für sie folgende allgemeine Form an:

$$R(t) = \frac{d}{K_n \left(\int_0^t I^{\zeta} \,\mathrm{d}t'\right)^{\delta}}. \tag{54}$$

Dabei sind K_n, ζ und δ spezifische Konstanten für verschiedene Funkengesetze, von denen z. Z. drei diskutiert werden:

1. Nach TOEPLER 1906 [163] bzw. 1924 [130] gilt

$$R = \frac{d}{\frac{1}{k_T} \int\limits_0^t I \, \mathrm{d}t'}, \tag{55}$$

wobei k_T die TOEPLERsche Funkenkonstante ist.

2. Nach ROMPE und WEIZEL 1944 [133] bzw. 1947 [134] gilt

$$R = \frac{d}{\sqrt{\frac{2a}{p_0} \int\limits_0^t I^2 \, \mathrm{d}t}}, \tag{56}$$

wobei a die Funkenkonstante nach ROMPE und WEIZEL ist.

3. Nach BRAGINSKIJ 1958 [136] gilt

$$R = \frac{d}{\pi \sigma b^2 \int\limits_0^t I^{2/3} \, \mathrm{d}t'}, \tag{57}$$

wobei σ eine angenommene konstante elektrische Leitfähigkeit im Funkenkanal ist und b eine ebenfalls etwa konstante Größe, in die schwach der Anfangsdruck eingeht.

Wir wollen uns hier auf die beiden Ansätze, wie sie einmal von TOEPLER und zum anderen von ROMPE und WEIZEL angegeben wurde, beschränken. Beide Ansätze sehen von einer Ausdehnung des Funkenkanals ab und entsprechen damit eher unseren in Abschnitt 2.3.1. dargestellten Experimenten als der Ansatz von BRAGINSKIJ, für den gerade die gasdynamische Expansion des Entladungsplasmas wesentlich ist. Wenden wir uns nun den Ansätzen im einzelnen zu.

2.2.1. Der Ansatz von Toepler

Ausgehend von experimentellen Untersuchungen an Gleitentladungen hatte TOEPLER bereits 1906 [163] einen Zusammenhang zwischen dem Funkenwiderstand R zur Zeit t und der bis dahin durch den Funkenkanal geflossenen Ladung $\int_0^t I \, \mathrm{d}t'$ festgestellt derart, daß das Produkt aus Ladung und Widerstand, bezogen auf die Längeneinheit der Funkenstrecke, stets etwa konstant war:

$$R \int_0^t I \, \mathrm{d}t' = k_T d. \tag{58}$$

Dieses Verhalten wurde dann später von TOEPLER auch auf freie Funkenentladungen in einer Gasatmosphäre übertragen [130—132].

Beim Versuch einer physikalischen Interpretation dieses Ansatzes kann man zunächst TOEPLER 1927 [132] folgen. Unter der Annahme, daß die elektrische Leitfähigkeit über den Kanalquerschnitt konstant ist, gilt

$$R = \frac{d}{\sigma \pi r^2}. \tag{59}$$

Mit dem Ansatz für die elektrische Leitfähigkeit

$$\sigma = q n_e b$$

(b — Beweglichkeit der Elektronen) folgt

$$R = \frac{d}{q n_e b \pi r^2}.$$

Für n_e erhält man dann

$$n_e = \frac{d}{qb\pi r^2 R} = \frac{\int_0^t I \, dt'}{eb\pi r^2 k_T}.$$

Ist die Ausdehnung des Funkenkanals vernachlässigbar ($dr/dt = 0$) und bleibt die Beweglichkeit während der Entladung konstant, so folgt für die Änderung der Elektronenkonzentration

$$\frac{dn_e}{dt} = \frac{i}{qbk_T}$$

mit i — Stromdichte. Soweit führt die TOEPLERsche Rechnung. Setzt man für die Stromdichte

$$i = qn_e bE$$

(E — Feldstärke), so erhält man

$$\frac{dn_e}{dt} = \frac{E}{k_T} n_e.$$

Ferner gilt (s. Abschnitt 1.1.)

$$\frac{dn_e}{dt} = \frac{dn_e}{dx} \frac{dx}{dt} = \alpha n_e v_-$$

($v_- = bE$ — Driftgeschwindigkeit), so daß schließlich für die TOEPLERsche Funkenkonstante folgt

$$k_T = \frac{1}{\alpha b}. \tag{60}$$

Zu diesem Ergebnis gelangt auch PFEIFFER 1970 [164]; seine Ableitung ist jedoch nicht korrekt (s. seine Gl. (5)). In einem Plasma geringen Ionisationsgrades, wie es durch die Ansätze für die Leitfähigkeit und die Beweglichkeit bereits impliziert wurde, gilt

$$bp_0 = K = \text{const}, \tag{61}$$

und mit (37) folgt dann für k_T

$$k_T = \frac{1}{K\alpha/p_0} = \frac{\exp(Bp_0/E)}{AK}, \tag{62}$$

d. h., die TOEPLERsche „Konstante“ ist nach dieser Ableitung exponentiell von E/p_0 und von der gasspezifischen Konstante B (s. Tab. 3) abhängig. Rechnet man k_T mit E/p_0 Werten aus, wie sie beim Durchschlag vorliegen, so gelangt man etwa zur Größenordnung der experimentell gefundenen Werte. Die Verwendung eines mittleren Wertes für E/p_0, wie er für den Entladungsablauf charakteristisch ist, erhöht k_T bereits um Größenordnungen.

Die Beziehung (62) erscheint daher ungeeignet zur Ermittlung der TOEPLERschen Konstante aus den Gasdaten; ferner ist die Ableitung von vorherein auf Plasmen geringen Ionisationsgrades beschränkt, wie sie typisch unter nichtthermischen Verhältnissen vorliegen.

Da sich der TOEPLERsche Ansatz mit einer empirisch bestimmten Konstante k_T in der Praxis jedoch recht gut bewährt hat (s. [121], [164]), soll hier noch kurz auf die Beziehung für Strom und Spannung eingegangen werden, die aus dem TOEPLERschen Ansatz folgen.

Der Verlauf für Strom und Spannung nach Toepler. Wir gehen aus von Gl. (44) und ersetzen die abgeflossene Ladungsmenge nach (55):

$$U = U_0 - \frac{k_T d}{RC}.$$

Nach dem OHMschen Gesetz gilt $R = U/I$, und durch Differentiation von (44) erhalten wir $\mathrm{d}U/\mathrm{d}t = -I/C$.

Nach Einsetzen folgt

$$U = U_0 - \frac{kd}{U}\frac{I}{C} = U_0 + \frac{kd}{U}\frac{\mathrm{d}U}{\mathrm{d}t}.$$

Multiplikation mit U und die Einführung von

$$x = \frac{U}{U_0}, \qquad \xi = \frac{U_0}{kd} \tag{63}$$

führen zu der Differentialgleichung

$$\frac{\mathrm{d}x}{\mathrm{d}t} = \xi x(x-1). \tag{64}$$

Unter Berücksichtigung von $x < 1$ finden wir die Lösung

$$U = U_0[\mathrm{e}^{\xi(t-t_0)} + 1]^{-1}. \tag{65}$$

Da sich aus der Anfangsbedingung $U = U_0$ für $t = 0$ nur die triviale Lösung $U = U_0$ ergibt, ist die vorstehende Ableitung leicht zu modifizieren, indem man $U = U' < U_0$ für $t = 0$ setzt. Dadurch ändert sich das Ergebnis (65) nicht; für die Integrationskonstante erhält man

$$t_0 = -\frac{1}{\xi}\ln\left(\frac{U_0}{U'} - 1\right). \tag{66}$$

Da die Theorie keine Hinweise auf U' liefert, ist t_0 weitgehend unbestimmt und kann etwa durch Anpassung an experimentelle Verläufe festgelegt werden. Mit Hilfe des Ohmschen Gesetzes findet man für den Strom

$$I = \frac{CU_0^2}{kd}\frac{\mathrm{e}^{\xi(t-t_0)}}{[\mathrm{e}^{\xi(t-t_0)} + 1]^2}. \tag{67}$$

2.2.2. Der Ansatz von Rompe und Weizel

Ausgehend von einer Kritik des Toeplerschen Ansatzes, der sich ihrer Ansicht nach nicht auf Elementarprozesse im Funken zurückführen läßt, gelangten Rompe und WEIZEL 1944 [133] bzw. 1947 [134] zu einer Beziehung für den Funkenwiderstand

$$R^2 = \frac{p_0 d^2}{2a \int\limits_0^t J^2 \, dt'}, \tag{68}$$

wobei für die Funkenkonstante a angesetzt wurde

$$a = p_0 \frac{\sigma}{u}. \tag{69}$$

Dabei ist u die spezifische innere Energie des Plasmas. Bei der Herleitung von (68) gingen ROMPE und WEIZEL davon aus, daß die eingespeiste elektrische Energie vollständig zur Erhöhung der inneren Energie des Plasmas aufgewendet wird, und daß Verluste durch die radiale Expansion des Funkenplasmas, durch Abstrahlung und durch Wärmeleitung zu vernachlässigen sind.

Die Größen, die a bestimmen, wurden wie folgt spezifiziert:

$$\sigma = e n_e b = \frac{e n_e K}{p_0} \quad (K = \text{const}) \tag{70}$$

(s. (61)). Dabei gingen WEIZEL und ROMPE 1947 [134] von einem nichtthermischen Plasma so geringen Ionisationsgrades aus, daß die wesentlichen Stoßpartner der Elektronen die Neutralen sind. Die innere Energie des Plasmas setzt sich unter diesen Umständen zusammen aus der thermischen Energie der Elektronen, für die eine MAXWELL-Verteilung angenommen wurde, sowie aus der Ionisierungs- und Anregungsenergie (atomares Gas)

$$u = n_e \left(\frac{3}{2} kT_e + eU_i + \sum_l \frac{n_l}{n_e} eU_l \right) \tag{71}$$

(n_l — Konzentration der Angeregten im Zustand l, eU_l — entsprechende Anregungsenergie).

Beträgt die thermische Energie der Elektronen nur 1 bis 2 eV, so ist sie gegenüber der Ionisierungsenergie zu vernachlässigen, da dann gilt

$$\frac{3}{2} kT_e \approx \frac{1}{10} eU_i. \tag{72}$$

Im Falle eines nichtthermischen Plasmas geringen Ionisationsgrades und damit auch i. a. (d. h. bei nicht zu hohen Drücken) geringer Elektronenkonzentration muß man sowohl im stationären (Hess 1967 [165]) als auch im instationären Falle mit stärkeren Abweichungen von der Gleichgewichtsbesetzung rechnen. Die Möglichkeit einer Vernachlässigung des entsprechenden Energieanteils muß daher in jedem konkreten Falle geprüft werden (s. Abschnitt 2.2.3.). Können die Angeregten vernachlässigt werden, so folgt aus (69)

$$a \approx \frac{K}{U_i}, \tag{73}$$

so daß a für ein bestimmtes Gas — im Gegensatz zu k_T (s. (62)) — tatsächlich vom Ansatz her näherungsweise konstant ist. In der folgenden Tabelle 5 sind einige nach (73) berechnete Werte von a angegeben. Diese Angaben

Tabelle 5
Funkenkonstante a nach (73)

Gas	K [atmcm²/Vs]	U_i [V]	a [atmcm²/Vs²]
He	1000 [166]	24,58 [168]	41
Ne	1300 [166]	21,56 [168]	60
Ar	330 [166]	15,76 [168]	21
Kr	274 [166]	14,00 [168]	20
Xe	197 [166]	12,13 [168]	16
Hg	200 [169]	10,43 [168]	19
H_2	530 [166]	15,43 [168]	34
O_2	525 [166]	12,5 [156]	42
N_2	430 [166]	15,51 [156]	28
CO_2	500]8]	14,4 [156]	35
SF_6	500 [167]	19,3 [168]	26

haben den Charakter einer groben Abschätzung, da die Angabe von K auf der Annahme eines linearen Zusammenhanges zwischen Driftgeschwindigkeit und E/p_0 beruht, der zwar in einigen Gasen, wie etwa N_2, sehr gut realisiert ist, während in anderen Gasen jedoch eine Abhängigkeit von Potenzen von E/p_0 existiert (in SF_6 etwa von $\sqrt{E/p_0}$ [167]). Bisher liegen keine Rechnungen vor, die Werte von a für nichtthermische Entladungen in relevanten Parameterbereichen unter Berücksichtigung der realen Plasmazusammensetzung und Termbesetzung ergeben. Bevor solche Rechnungen nicht durchgeführt sind, haben Angaben, wie sie in Tabelle 5 gemacht werden, nur exemplarischen Charakter, insbesondere, wenn es sich um Entladungsmedien mit vielen tiefliegenden Termen handelt, wie Molekülgase und Metalldämpfe. Die Werte für die Edelgase werden der Realität noch am ehesten nahekommen, während die Werte für die Molekülgase wahrscheinlich zu groß sind.

Der Verlauf von Strom und Spannung nach Rompe und Weizel.

Ausgehend vom Kirchhoffschen Gesetz (44) und einer stark reduzierten Energiebilanz (50) erhält man mit dem Ansatz (69) für die Funkenkonstante analytische Ausdrücke für Strom und Spannung. Zur Energiebilanz wird angenommen, daß die Entladung gegenüber ihrer Umgebung zunächst energetisch weitgehend isoliert ist, d. h. daß während ihres Ablaufes Energieverluste durch Wärmeleitung, Strahlung und Expansion des Entladungsplasmas vernachlässigt werden können.

Die Vernachlässigung der Wärmeleitung ist bei Abläufen unterhalb von 1 μs sicher gerechtfertigt. Inwieweit jedoch auch Strahlung und Expansion während der Entladung keine Rolle spielen, muß sicher in jedem konkreten Falle diskutiert werden, da es sich dabei durchaus um schnelle Prozesse im Rahmen unserer Zeitskala handelt. Setzt man einmal diese Vernachlässigung als gültig voraus, so geht die in die Entladung eingespeiste elektrische Energie vollständig in die innere Energie W des Entladungsplasmas über.

Man erhält dann eine bereits in [134, 135] angegebene Differentialgleichung für die Spannung, deren Lösung durch Integration leicht zu erhalten ist [170, 171]:

$$x = (e^{2\tau-\varkappa} + 1)^{-1/2} \tag{74}$$

mit $x = U/U_0$, $\tau = aU_0^2t/2p_0d^2$ und $\varkappa$ als Integrationskonstante. Für $\varkappa$ gelten die Bemerkungen, die bereits bei der Herleitung der TOEPLERschen Beziehungen gemacht wurden. Für den Entladungsstrom findet man

$$z = e^{2\tau-\varkappa}(e^{2\tau-\varkappa} + 1)^{-3/2} \tag{75}$$

mit $z = 2p_0d^2\, I/aCU_0^3$.

Man kann nun durch die Anpassung dieser theoretischen Verläufe an Meßkurven experimentelle Werte für die Funkenkonstante a erhalten.

Bisher lagen nur für wenige Gase solche experimentellen Werte vor (s. Tab. 6). Eine Bestimmung von a zu verschiedenen Zeiten während der Entladung sollte dabei über die Brauchbarkeit des Modells Auskunft liefern. Allgemein wurde aus der Änderung des a-Wertes um den Faktor 2 bis 10 auf eine nicht besonders große Güte des Modells von ROMPE und WEIZEL bzw. sogar auf seine

Tabelle 6
Experimentelle Werte der Funkenkonstante a

Gas	a [atmcm²/V²s]	Autoren
Ar	24	PFEIFFER [164]
Luft	1	GRÜNBERG [175], MESYATS [175] u. a.
N_2	1	PFEIFFER [164]
CO_2	1	PFEIFFER [164]

Unbrauchbarkeit geschlossen (Kühn 1959 [195], Andreev und Vanyukov 1961 [196]). Man muß hier ausdrücklich betonen, daß diese Methode zur Überprüfung des Modells völlig ungeeignet ist. Wegen der gegenläufigen Abhängigkeit etwa von Strom I und Zeit t von a ergibt sich vielmehr, daß auch bei einer Variation des punktweise bestimmten a-Wertes um eine Größenordnung während der Entladung eine Beschreibung des experimentellen Verlaufes mit einem Mittelwert von a bis auf maximale Abweichungen von 10% möglich ist.

Ein Vergleich der Angaben in Tab. 6 mit Tab. 5 zeigt, daß lediglich in Ar eine gewisse Übereinstimmung zwischen dem theoretischen Wert für a nach (73) und dem experimentellen Wert besteht. Für die Molekülgase sind die experimentellen Werte wesentlich kleiner, wie das z. B. aus Gründen der stark überthermischen Besetzung unterer angeregter Zustände im nichtthermischen Plasma möglich ist.

Nun ist dies jedoch nur eine Möglichkeit, die sehr kleinen experimentellen Werte zu erklären. Ohne daß für die untersuchten Funkenentladungen Angaben über den Plasmazustand vorliegen, kann man doch durch Vergleich mit anderen Untersuchungen bei vergleichbaren Verläufen der eingespeisten elektrischen Leistung schließen, daß in sehr vielen dieser Entladungen ein Plasma relativ hohen Ionisationsgrades im thermodynamischen Gleichgewicht bereits wenige Nanosekunden nach der Herstellung einer leitenden Verbindung zwischen den Elektroden vorliegt. In diesem Falle muß aber die Beziehung (73) ganz entscheidend verändert werden. Statt (70) wird für die elektrische Leitfähigkeit eine Beziehung von der Art der Spitzerschen Formel gelten, da nun die Ionen die wesentlichen Stoßpartner der Elektronen sind, und die kinetische Energie der schweren Teilchen ist nicht mehr vernachlässigbar. Eine entsprechende Rechnung liefert tatsächlich die kleinen Funkenkonstanten, wie sie experimentell in Molekülgasen gefunden werden. Auf diese Möglichkeit wollen wir im übernächsten Abschnitt eingehen. Zunächst soll aber noch einiges über ein neues Modell zur Beschreibung nichtthermischer Funkenentladungen gesagt werden.

2.2.3. Gündels Ansatz für diffuse nichtthermische Entladungen

1973 wurde von GÜNDEL [162] ein Modell zur Behandlung von nichtthermischen Impulsentladungen, wie sie für Laserzwecke verwendet werden, vorgeschlagen. Diese Entladungen lassen sich im Gegensatz zum Funken rein äußerlich durch einen weniger scharf begrenzten (diffusen) Kanal größeren Durchmessers charakterisieren.

GÜNDEL geht aus von Ratengleichungen für die Energie, die Elektronenkonzentration und die Konzentration der Angeregten. Dabei werden Rekombination und Stoßabregung vernachlässigt. Für die Leitfähigkeit wird der übliche Ausdruck für ein schwach ionisiertes Plasma verwendet. Man erhält so eine geschlossene Lösung für die Elektronenkonzentration:

$$n_e^2 = \int_0^t \frac{k_2^2}{M} I^2 \, dt' . \tag{76}$$

k_2 und M sind Temperaturfunktionen, wobei k_2 vergleichsweise schwach temperaturabhängig ist. Für M gilt

$$M = 1 + \frac{\sum_l eU_l X_l}{\left(\frac{3}{2} kT_e + eU_i\right) X_i} . \tag{77}$$

Dabei sind X_l bzw. X_i die Anregungs- bzw. Ionisierungsraten ($X = \langle Q v_{\text{th}} \rangle$; Q – Querschnitt, v_{th} – thermische Geschwindigkeit der Elektronen, T_e – Elektronentemperatur).

Aus (77) läßt sich ein Ausdruck für den Widerstand gewinnen, der dem Funkengesetz nach ROMPE und WEIZEL ähnlich ist. Anstelle einer Funkenkonstante treten hier jedoch Funkenfunktionen k_2 und M auf.

Für bestimmte Molekülgase wie etwa Stickstoff läßt sich das Ergebnis noch vereinfachen, da hier in Abhängigkeit von der Elektronentemperatur sehr unterschiedliche Verlustmechanismen wirksam werden. So überwiegt in Stickstoff unterhalb von $T_e^* \approx 4$ eV die Anregung der Schwingungsniveaus des elektronischen Grundzustandes, während oberhalb von 4 eV die Ionisation dominiert (s. Abb. 42). Dadurch wird folgende Fallunterscheidung möglich:

1. $T_e > T_e^* : M \approx 1$
2. $T_e < T_e^* : M$ nach (74).

Im ersten Falle erhält man unter gewissen Vereinfachungen aus (76) ein Funkengesetz, das mit dem Ausdruck von ROMPE und WEIZEL identisch ist, wenn man im Ansatz für a die Anregungsenergie vernachlässigt, d. h.

$$a \approx \frac{ebp_0}{\frac{3}{2}\, kT_e + eU_i}. \tag{78}$$

Mit $3kT_e/2 \ll eU_i$ gelangt man zu (73) und somit zu Werten von a nach Tab. 5. Im zweiten Falle ($T_e < T_e^*$) hängt der Entladungswiderstand in komplizierterer Form vom Entladungsverlauf ab; es erscheint also zunächst einmal nicht sinnvoll, ein „kaltes“ nichtthermisches Plasma in einem Molekülgas mit einer Funkenkonstanten beschreiben zu wollen.

Nun haben GÜNDEL und Mitarbeiter 1973 [173, 174] Experimente in induktionsarmen Entladungen in N_2-He-Gemischen nichtthermischen Charakters durchgeführt. Eine Anpassung der gemessenen Strom- und Spannungsverläufe an die theoretischen Ausdrücke nach ROMPE und WEIZEL liefert Funkenkonstanten, die wesentlich kleiner sind als die nach (73) berechneten. Die Autoren führen dies auf den Einfluß der unelastischen Stoßverluste bei der Anregung von Schwingungsniveaus zurück, wie sie nach den vorhergehenden Ausführungen bei $T_e < T_e^*$ auftreten, so daß wir es hier mit „kalten" nichtthermischen Entladungen zu tun haben.

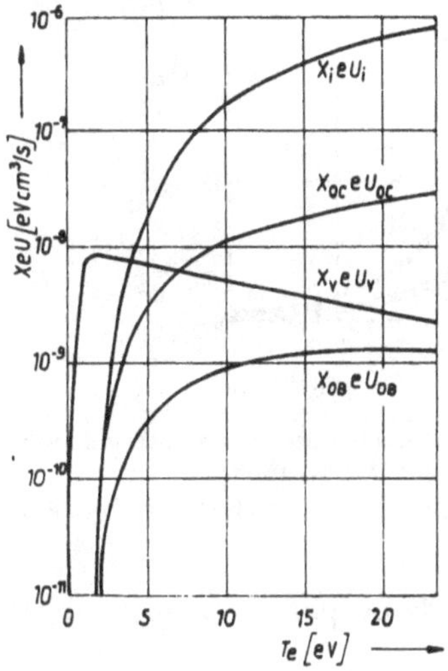

Abb. 42. Elektronenenergie-Verlustraten für Stickstoff nach [172]. $X_i e U_i$ – Ionisierung; $X_{OC} e U_{OC}$, $X_{OB} e U_{OB}$ – Anregung in höhere elektronische Zustände des Stickstoffmoleküls; $X_V e U_V$-Anregung der Schwingungsniveaus des Grundzustandes.

Die experimentell ermittelten Funkenkonstanten sind um einen Faktor von ca. 40 kleiner als sie nach (73) errechnet werden, wobei die Wiedergabe der Experimente durch die angepaßten theoretischen Verläufe als sehr gut zu bezeichnen ist (s. Abb. 43).

Um eben diesen Faktor muß die innere Energie größer sein, d. h., die Anregungsenergie $\sum_l n_l e U_l / n_e$ muß für N_2 bei etwa 10^3 eV liegen, um die experimentell ermittelte Funkenkonstante erklären zu können. Nun ist die Energietransportrate für die Schwingungsanregung in Stickstoff im Bereich von 1,5 bis 4 eV recht gut konstant und beträgt (s. Abb. 42):

$$\sum_l \langle v_{th} Q_l \rangle eU_l \approx 10^{-8} \text{ eVcm}^3/\text{s}.$$

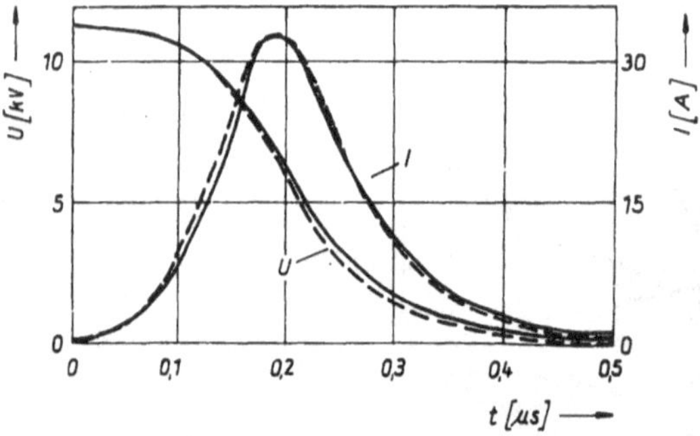

Abb. 43. Verlauf von Strom und Spannung in einer „kalten" nichtthermischen diffusen Entladung (p = 1 atm; 94% He, 6% N_2).
——— Experiment [173] - - - - Theorie nach Gln. (74) und (75) mit a = 1,06 atm cm²/V²s.

Ein Elektron verliert dann pro Zeiteinheit durch Schwingungsanregung

$$N_0 \sum_l \langle v q_l \rangle eU_l \approx 10^{10} \text{ eV/s},$$

wobei die Konzentration der Stickstoffmoleküle $N_0 = 10^{18}$ cm^{-3} angesetzt wurde. Das entspricht einem Stickstoffpartialdruck von etwa 30 Torr. Ohne Berücksichtigung von Rückprozessen würde man so z. B. bis zum Strommaximum bei $t_{max} \approx 200$ ns pro Elektron in die Schwingungsanregung investieren

$$N_0 \sum_l \langle v_{th} Q_l \rangle eU_l t_{max} \approx 2 \cdot 10^3 \text{ eV},$$

vorausgesetzt, man bleibt oberhalb 1,5 eV.

Obwohl die Anregungsenergie in den Schwingungsniveaus im Verlauf der Entladung natürlich nicht konstant bleibt, sondern — bei unserer einfachen Betrachtung — linear mit der Zeit anwächst, so ergibt sich doch im zeitlichen Mittel der Größenordnung nach der geforderte Wert für die Anregungsverluste, der notwendig ist, um die experimentell bestimmte Funkenkonstante zu erklären.

Auf die Unempfindlichkeit des Modells von ROMPE und WEIZEL gegenüber einer starken Variation des punktweise aus dem Experiment bestimmten Wertes von a wurde bereits hingewiesen, so daß sich hier eine Möglichkeit andeutet, auch für „kalte" nichtthermische Entladungen in Molekülgasen eine Funkenkonstante zu berechnen und sie sinnvoll zur Behandlung solcher Entladungen zu verwenden.

Entsprechende Entladungen in Edelgasen müßten jedoch für die Funkenkonstanten die großen Werte nach Tab. 5 liefern, da hier keine wesentlichen Verluste durch Anregung auftreten. Ein Hinweis darauf ist der große a-Wert, der von PFEIFFER [164] in Argon gemessen wurde (vgl. Tab. 5 und 6).

2.2.4. Ein Ansatz für thermische Entladungen

Im Abschnitt 2.2.2. wurde bereits darauf hingewiesen, daß die experimentell gefundenen kleinen Werte für die Funkenkonstanten in Molekülgasen (s. Tab. 6) nicht nur durch große Anregungsverluste in nichtthermischen Plasmen, sondern auch für den Fall thermischer Plasmen hohen Ionisationsgrades erklärt werden können (HESS 1973 [170]). Für die elektrische Leitfähigkeit muß man dann in (69) statt (70) eine Beziehung für ein hochionisiertes Gas verwenden, und die innere Energie muß durch die Hinzunahme der thermischen Energie der schweren Teilchen ergänzt werden. Der Einfachheit halber verwenden wir für die elektrische Leitfähigkeit die Beziehung von SPITZER [176] für ein vollständig ionisiertes Gas

$$\sigma = \frac{1{,}53 \cdot 10^{-4}\, T^{3/2}}{\ln\,(3kTr_s/e^2)}. \tag{79}$$

Dabei werden in der Abschirmkonstanten r_s neuere Ergebnisse zum Ladungstransport in nicht-DEBYEschen Plasmen berücksichtigt [177]. (Abweichungen vom DEBYEschen Verhalten treten in Plasmen auf, bei denen der sog. Nichtidealitätsparameter α, das Verhältnis der mittleren potentiellen Energie zur mittleren kinetischen Energie eines Teilchens, $> 10^{-2}$ ist, wie das in thermischen Funkenplasmen i. a. der Fall ist. Diese Abweichungen können durch eine gasspezifische Vergrößerung der Abschirmungskonstante über den DEBYE-Radius hinaus berücksichtigt werden).

Wie eine Abschätzung zeigte, kommt eine so berechnete Funkenkonstante etwa für N_2 in die Nähe der experimentellen Werte. Allerdings müßten nach diesem Ansatz auch die Funkenkonstanten in Edelgasen ähnlich kleine Werte aufweisen wie in Molekülgasen, im Gegensatz zu dem Verhalten in „kalten" nichtthermischen Entladungen. Weitere Experimente mußten zeigen, ob diese Aussage zu verifizieren war. Gleichzeitig sollten damit zuverlässige Werte für die Funkenkonstante in Gasen von technischer Bedeutung, insbesondere im Hinblick auf ihre Verwendung in Impulslichtquellen, gewonnen werden.

Ferner wurden Rechnungen durchgeführt um zu zeigen, inwieweit die Annahme eines konstanten a-Wertes im Verlauf der Entladung noch gerechtfertigt ist, und ob eine quantitative Übereinstimmung mit dem Experiment im Rahmen des vorgeschlagenen Modelles zu erzielen ist.

2.3. *Zum Modell für thermische Funkenentladungen*

2.3.1. *Experimente in thermischen Funkenentladungen*

Experimentelle Anordnung. Um den in Abschnitt 2.2.4. vorgestellten Ansatz für die Beschreibung des elektrischen Verhaltens von thermischen Funkenentladungen zu bestätigen, wurden von uns Experimente mit induktionsarmen Entladungen thermischen Charakters in verschiedenen Gasen durchgeführt. Als Arbeitsgase wurden verwendet: Ar, Luft und N_2 zum Zwecke des Anschlusses an bereits vorliegende Ergebnisse (s. Tab. 6); Xe und SF_6 wegen der technischen Bedeutung insbesondere für Impulslichtquellen (Xe) und Schalter (SF_6).

Die Entladungen wurden in sog. Hohlzylinder- oder Doppelwand-Gefäßen durchgeführt, wie sie etwa auch zum

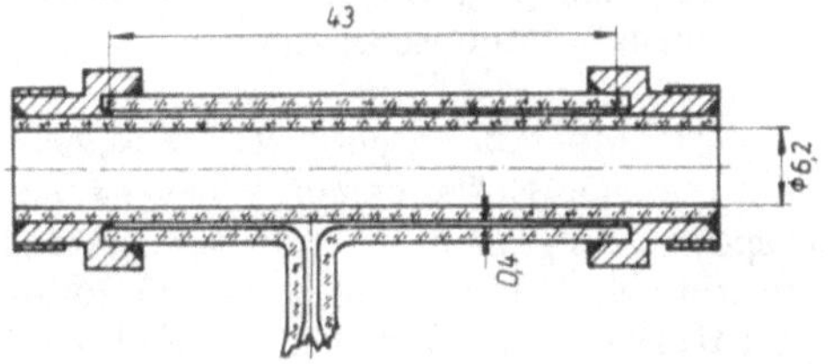

Abb. 44. Hohlzylinder- oder Doppelwand-Entladungsgefäß.

optischen Pumpen von Farbstofflasern verwendet werden (Abb. 44). Zwei koaxial angeordnete Quarzzylinder umschließen einen ca. 3/10 mm breiten Hohlraum, dessen Enden mit ringförmigen Messingelektroden abgeschlossen sind, zwischen denen die Entladung brennt.

Diese Geometrie hat insbesondere für Laserpumpenlichtquellen eine gewisse Bedeutung und wurde aus diesem Grunde von uns untersucht. Die Ausfüllung des ringförmigen Querschnittes des Entladungsgefäßes ist umso besser, je größer die Überspannung und je geringer der Druck ist. Da unsere Experimente vorwiegend bei der statischen Durchschlagsspannung stattfanden, mußten wir einen verhältnismäßig geringen Druck $p_0 = 30$ Torr wählen, um einigermaßen homogene Verhältnisse zu erzielen. Damit unterscheidet sich unsere experimentelle Anordnung von Anordnungen, an denen bisher Aussagen zur Funkenkonstante gewonnen wurden und die i. a. in Funkenkammern bei hohem Druck ($p_0 \gtrsim 1$ atm) und geringem Elektrodenabstand ($d \approx 1$ mm) durchgeführt wurden.

Unser *pd*-Wert ist jedoch mit den Werten anderer Autoren vergleichbar ($p_0 = 30$ Torr; $d = 4{,}3$ cm; $p_0 d = 129$ Torr cm).

Ein weiterer Unterschied besteht darin, daß sich in unmittelbarer Nachbarschaft des Entladungsplasmas in unserer Anordnung große Wandflächen befinden, die u. U. einen Einfluß ausüben, während in früher untersuchten Anordnungen der Funke frei brennt. Dieser Einfluß wird vernachlässigbar sein, wenn es gelingt, früher gemessene Werte der Funkenkonstante in unserer Anordnung zu bestätigen.

Wie bereits in Abschnitt 2.2. ausgeführt, interessieren wir uns für induktionsarme Entladungen. Wir verwendeten daher eine speziell aufgebaute Kondensatorbatterie (0,25 μF); der gesamte Entladungskreis hatte eine Induktivität von ca. 20 nH. Die maximal zu speichernde Energie betrug 18 Ws; die Experimente wurden bei Energiewerten zwischen 0,5 und 4 Ws durchgeführt. Es ergaben sich aperiodische Entladungen, die durch eine Halbwertsbreite von etwa 400 ns (Xe) gekennzeichnet sind.

Ein Kriterium für thermische Entladungen. Sämtliche Untersuchungen zu Funkengesetzen in thermischen und nichtthermischen Entladungen weisen z. Z. noch einen erheblichen Mangel auf: Es fehlen Untersuchungen zum Plasmazustand, den man etwa mit Hilfe zeitauflösender spektroskopischer Methoden bestimmen kann. Solche Untersuchungen werden bei uns vorbereitet; Ergebnisse liegen jedoch noch nicht vor.

Man muß also vorläufig auf andere Weise zu einer Aussage über den Plasmazustand gelangen. Dies gelingt z. B. folgendermaßen: Man ermittelt zunächst einmal die Elektronenkonzentration n_e, die man bei einer Verwendung der gespeicherten Energie nur für die Ionisation und vollständiger Erfassung des Entladungsvolumens erhält

$$n_e = \frac{C U_0^2/2}{V e U_i}; \qquad (80)$$

dabei ist $CU_0^2/2$ die gespeicherte Energie und V das Entladungsvolumen. Mit $CU_0^2/2 = 0{,}74$ Ws, $eU_i = 12{,}13$ eV (Daten für Xe) und $V = 0{,}43$ cm³ ergibt sich

$$n_e \approx 9 \cdot 10^{17}\ \mathrm{cm}^{-3},$$

d. h. nahezu vollständige Ionisation ($n_0 \approx 10^{18}$ cm^{-3}).

Mit dieser Elektronenkonzentration bestimmt man nun die **Relaxationszeiten** für die einzelnen Energieaustauschprozesse im Plasma. Sind diese Zeiten klein gegen die Dauer der Entladung (charakterisiert durch die Halbwertsbreite des Impulses der elektrischen Leistung Δt_H), so kann man mit thermischem Gleichgewicht rechnen. Als wesentliche Relaxationsprozesse muß man die Einstellung der MAXWELLschen Geschwindigkeitsverteilung für Elektronen und Ionen betrachten, ferner den Energieaustausch zwischen Elektronen und Ionen und schließlich die Ionisation.

Eine Störung in der Geschwindigkeitsverteilung einer Teilchenart wird in der Zeit t_c, der sog. self collision time, ausgeglichen (SPITZER [176]):

$$t_c = \frac{11{,}4\, A_r^{1/2}\, T^{3/2}}{n Z^4 \ln (3kTr_s/e^2)} \frac{\mathrm{s}}{\mathrm{grad}^{3/2}\, \mathrm{cm}^3}, \tag{81}$$

A_r — relative Atommasse der betrachteten Teilchenart; in r_s werden Abweichungen vom DEBYEschen Verhalten berücksichtigt. Für T setzen wir etwa 20000 K an. Mit $r_s \approx 2\,D$ [177] (D — DEBYE-Radius) erhält man für Xenon

$$t_{ce} \approx 2 \cdot 10^{-13}\ \mathrm{s},$$

$$t_{ci} \approx 10^{-10}\ \mathrm{s}.$$

Die Relaxationszeit für den Energieaustausch zwischen Elektronen und Ionen ergibt sich — ebenfalls nach [176] — zu

$$t_{eq} = \frac{5{,}87\, A_e A_i}{n_e \ln(3kTr_s/e^2)} \left(\frac{T_e}{A_e}\right)^{3/2} \frac{\mathrm{s}}{\mathrm{grad}^{3/2}\, \mathrm{cm}^3}. \tag{82}$$

Man erhält

$$t_{eq} \approx 2{,}4 \cdot 10^{-8}\,\mathrm{s}\,.$$

Die Relaxationszeit für die Ionisation wird kleiner bzw. etwa gleich der Relaxationszeit für die Ionisierung des Grundzustandes sein

$$t_i \lesssim (n_e S_{i,1c})^{-1}\,. \tag{83}$$

Mit $S_{i,1c} \approx 4 \cdot 10^{-11}\,\mathrm{cm}^3\,\mathrm{s}^{-1}$ nach DRAWIN 1963 [178] erhält man

$$t_i \lesssim 2{,}5 \cdot 10^{-8}\,\mathrm{s}\,.$$

Die erhaltenen Werte für die Relaxationszeiten zeigen, daß bei vollständiger Ionisation während des Hauptteiles der Entladung ($\Delta t_H \approx 400$ ns in Xe) das Plasma praktisch im Zustand des thermischen Gleichgewichtes ist, da die wesentlichen Relaxationszeiten klein gegenüber der Entladungsdauer sind.

Insbesondere wird sich relativ schnell eine MAXWELL-Verteilung sowohl für die Elektronen als auch für die Ionen einstellen. Die Annäherung der zunächst unterschiedlichen Temperaturen dieser Verteilungen wird in Zeiten < 100 ns vollzogen sein, ebenso wird sich dann die Ionisation auf den thermischen Wert eingestellt haben. Auf diese Weise hat man die Möglichkeit einer Aussage über den Plasmazustand, wobei die gemachten Voraussetzungen nicht sehr kritisch sind. Zusammenfassend kann man dieses Kriterium wie folgt formulieren:

Der thermische Zustand in einer Impulsentladung wird erreicht, wenn die eingespeiste Energie eine so hohe Elektronenkonzentration zu erzeugen vermag, daß die wesentlichen Relaxationszeiten klein gegen die Entladungsdauer sind.

Abweichungen vom thermischen Gleichgewicht durch Abstrahlung aus optisch dünner Schicht, wie sie auch in stationären Plasmen nicht zu hoher Elektronenkonzentration auftreten, sind nicht zu befürchten, da der Plasmazustand wegen der hohen Elektronenkonzentration in unserem Falle völlig stoßbestimmt ist.

Meßmethoden. Der Entladungsstrom wurde bestimmt, indem die Kondensatorspannung elektronisch differenziert wurde. Eine Absoluteichung erfolgte über die Beziehung

$$U_0 C = \int_0^\infty I \, \mathrm{d}t$$

durch grafische Integration der Stromkurve [175].

Die Spannung an der Entladung wurde mit einem kapazitiven Teiler gemessen; der Anteil der induktiven Spannung im Kreis $L\,\mathrm{d}I/\mathrm{d}t$ blieb i. a. unter 10%, so daß die Bezeichnung induktionsarm für unsere Entladungen gerechtfertigt erscheint.

Die Strahlung der Entladung wurde bei 407 nm mittels eines Interferenzfilters (DSIF 405 Hg, $\lambda_{\mathrm{max}} = 407$ nm, $\Delta\lambda_H = 5{,}5$ nm) ausgewählt und über einen Fotovervielfacher K 14 FS 50 oszillografisch dargestellt. Die Zeitauflösung der Meßanordnung betrug stets

$$t_a \leq 15 \text{ ns}.$$

Meßergebnisse. Die Abbildungen 45 bis 48 zeigen die Ergebnisse der Messungen. Ebenfalls eingetragen sind die theoretischen Verläufe für Strom und Spannung mit einer jeweils passend gewählten Funkenkonstante. Die so durch Anpassungen an das Experiment gewonnenen Funkenkonstanten zeigt Tabelle 7.

Der experimentelle Fehler für a wurde zu $\pm 10\%$ abgeschätzt. Die Abbildungen vermitteln einen Eindruck von der guten Übereinstimmung zwischen Theorie und Experiment hinsichtlich einer Beschreibung des Gesamtverlaufes.

Größere Abweichungen treten vor allem am Entladungsbeginn beim Strom auf, worauf auch die leichte Verschiebung der Spannungskurven gegeneinander zurückzuführen ist. Es zeigt sich, daß eine für praktische Zwecke

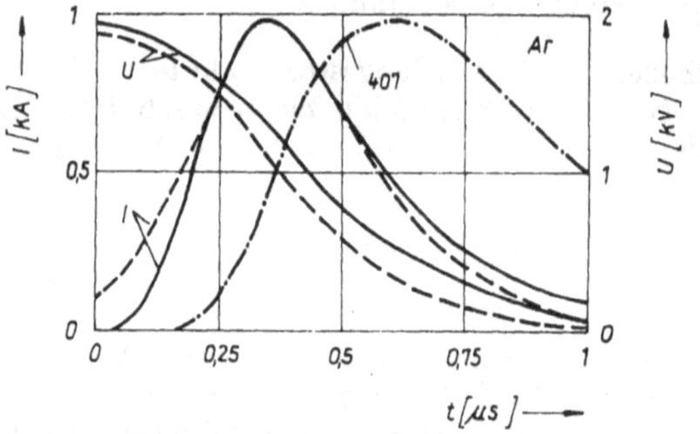

Abb. 45. Verlauf von Strom und Spannung in einer thermischen Entladung in Ar [179] (p = 30 Torr).

——— Experiment, - - - - Theorie nach Gln. (74) und (75) mit a = 2,0 atm cm²/V²s.

— · — · — · — Emission bei 407 nm in willk. Einheiten.

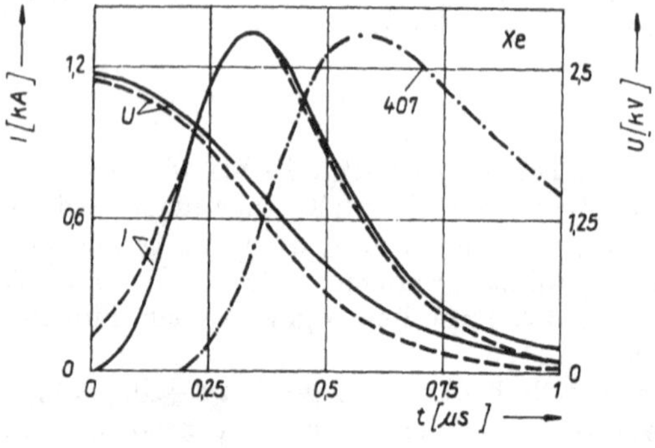

Abb. 46. Verlauf von Strom und Spannung in einer thermischen Entladung in Xe [179] (p = 30 Torr).

——— Experiment, - - - - - Theorie nach Gln. (74) und (75) mit a = 1,4 atm cm²/V²s, — · — · — Emission bei 407 nm in willk. Einheiten.

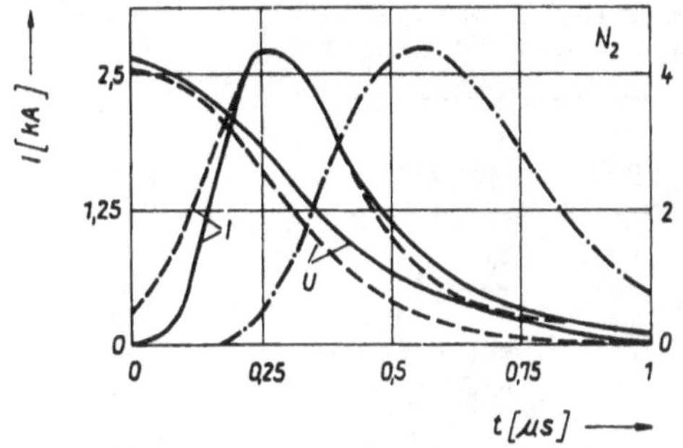

Abb. 47. Verlauf von Strom und Spannung in einer thermischen Entladung in N_2 [179] ($p = 30$ Torr).

——— Experiment, - - - - Theorie nach Gln. (74) und (75) mit $a = 0{,}55$ atm cm²/V²s, — · — · — Emission bei 407 nm in willk. Einheiten.

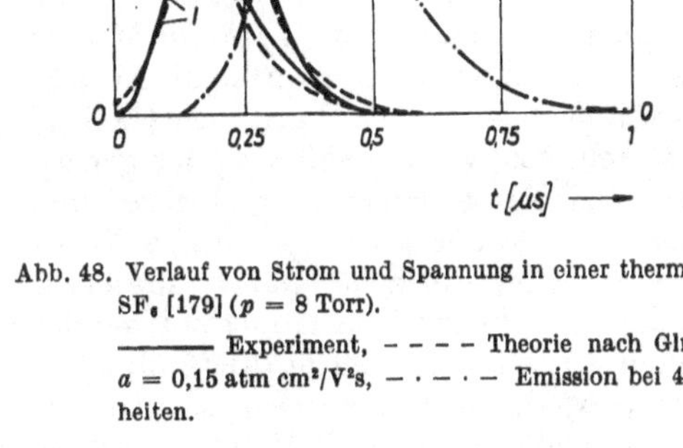

Abb. 48. Verlauf von Strom und Spannung in einer thermischen Entladung in SF_6 [179] ($p = 8$ Torr).

——— Experiment, - - - - Theorie nach Gln. (74) und (75) mit $a = 0{,}15$ atm cm²/V²s, — · — · — Emission bei 407 nm in willk. Einheiten.

Tabelle 7
Experimentell bestimmte Funkenkonstanten a
(HESS und DEPARADE 1974 [171])

Gas	p_0 [Torr]	U_0 [kV]	a [atmcm²/V²s]
Ar	30	1,93	2,0
Xe	30	2,46	1,4
Luft	30	3,84	0,63
N_2	30	4,22	0,55
SF_6	8	5,65	0,15

zufriedenstellende Beschreibung induktionsarmer Entladungen möglich wäre, wenn es gelänge die durch Anpassung gewonnenen Werte der Funkenkonstante auch noch theoretisch herzuleiten. Darauf soll im nächsten Abschnitt eingegangen werden.

Hier wollen wir noch kurz die Abhängigkeit der Funkenkonstante von der Gasart diskutieren. Eine Funkenkonstante für ein thermisches Plasma, wie sie in Abschnitt 2.2.4. eingeführt wurde, wird sich bei Entladungen vergleichbarer Temperaturen in verschiedenen Gasen infolge der unterschiedlichen inneren Energien unterscheiden. Bei höheren Temperaturen haben nun die Molekülgase eine größere spezifische Wärme als die Edelgase, und die spezifische Wärme wird i. a. um so größer sein, je komplizierter das Molekül gebaut ist. Man wird also für Molekülgase eine kleinere Funkenkonstante erwarten als für Edelgase. Ebenfalls von der spezifischen Wärme des Gases abhängig ist die Durchschlagsspannung. Gase mit geringer spezifischer Wärme (Edelgase) haben eine geringere Durchschlagsspannung als solche mit großer spezifischer Wärme (Molekülgase), da die Elektronen im ersten Falle bereits bei geringerer Spannung die zur Ionisierung notwendigen Geschwindigkeiten erreichen können (s. Abschnitt 1.4.1. unter: Der erste TOWNSENDsche Ionisierungskoeffizient). Wir haben daher einmal probeweise die Funkenkonstante über der Durchschlagsspannung aufgetragen, die noch wegen der Verwendung verschiedener Drücke auf $p_0 d$ bezogen ist (Abb. 49).

Man erhält so einen Zusammenhang, der in grober Näherung durch

$$a \approx G \frac{p_0 d}{U_D} = \frac{G}{E_D/p_0} \tag{84}$$

mit $G \approx 2{,}7 \cdot 10^4$ cm/Vs zu beschreiben ist (Hess und Deparade 1974 [171, 180]. Diese Beziehung ist nach den vorstehenden Ausführungen zumindest qualitativ zu verstehen.

Damit wurde die Eignung der Theorie von Rompe und Weizel zur Beschreibung von induktionsarmen Entladungen in verschiedenen Gasen von technischer Bedeutung nachgewiesen. Insbesondere wurde das Modell für

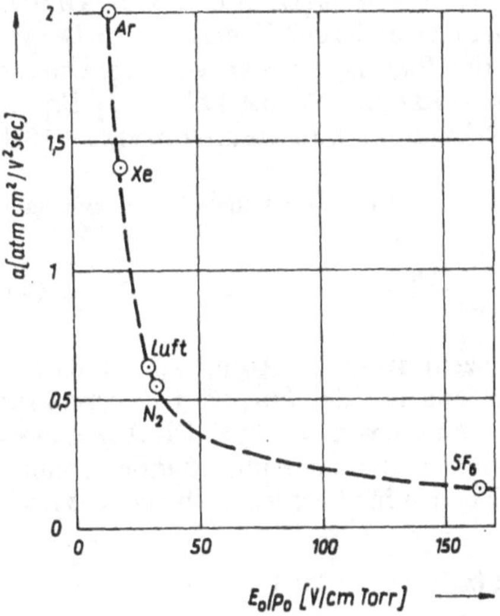

Abb. 49. Experimentell bestimmte Funkenkonstanten für verschiedene Gase als Funktion der reduzierten Durchschlagsspannung [171].

thermische Entladungen insoweit bestätigt, daß die Funkenkonstanten in Edelgasen tatsächlich ähnlich kleine Werte aufweisen wie in Molekülgasen und nicht die um etwa eine Größenordnung größeren Werte, wie sie in nichtthermischen Entladungen auftreten.

2.3.2. *Rechnungen zu thermischen Funkenentladungen*

Wie bereits in Abschnitt 2.2.4. angekündigt, sollte versucht werden, nach einer experimentellen Überprüfung des Modells der thermischen Funkenentladung die Funkenkonstanten direkt aus den Gaseigenschaften nach (69) zu berechnen (Hess 1973 [170]). Dieses Vorhaben wurde zunächst für Ar, Xe und Luft auf der Grundlage von vorliegenden Werten für die Plasmazusammensetzung und die elektrische Leitfähigkeit im Temperaturbereich von 10000 bis 20000 K durchgeführt (Hess und Radtke 1975 [181]). Rechnungen in Xe bis 35000 K sind z. Z. im Gange.

Die Werte für die Plasmazusammensetzung wurden entnommen: für Ar Irmer und Worm 1974 [182], für Xe Günther 1969 [183] und für Luft Predvoditelev 1959 [184].

Die innere Energie für Ar und Xe wurde berechnet nach

$$u = \frac{3}{2} kT(n_a + n_e) + n_e e U_i \tag{85}$$

mit der Anfangskonzentration der Atome $n_a = 9{,}6 \cdot 10^{17}$ cm^{-3} ($p_0 = 30$ Torr) und mit der Ionisierungsenergie für Ar von 15,75 eV und für Xe von 12,13 eV. Die Anregungsenergie wurde gegenüber der Ionisierungsenergie vernachlässigt. Die innere Energie für Luft wurde berechnet nach

$$u = \frac{3}{2} kT(n_N + n_O + 2n_e) + n_{N^+} e U_{N^+} + n_{O^+} e U_{O^+} + \frac{n_N}{2} e U_N + \frac{n_O}{2} e U_O \tag{86}$$

mit der Konzentration der Stickstoffatome n_N, der Sauerstoffatome n_O, der Stickstoffionen n_{N^+} und der Sauerstoffionen n_{O^+}, ferner $eU_{N^+} = 19{,}4$ eV und $eU_{O^+} = 16{,}4$ eV, den Ionisationsenergien pro Elektron-Ion-Paar beim Ausgang von einem Stickstoff- bzw. Sauerstoffmolekül, sowie $eU_N = 9{,}75$ eV und $eU_O = 5{,}1$ eV, den Dissoziationsenergien der Moleküle. Entsprechend einer Voraussetzung der Theorie von Rompe und Weizel über die Vernachlässigung der gasdynamischen Expansion wurde mit konstanter Massendichte gerechnet. Für die Leitfähigkeit wurden — wie schon erwähnt — Abweichungen vom nicht-Debyeschen Verhalten berücksichtigt, die darauf hinausliefen, in (77) für r_s gasartspezifische Werte einzusetzen. So wurden verwendet: für Ar $r_s = 3$ D, für Xe $r_s = 2$ D [177] und für Luft $r_s = 2$ D, ohne daß es für diesen Wert bisher genauere Hinweise gibt.

Abb. 50 zeigt das Ergebnis der Rechnungen, wobei zum

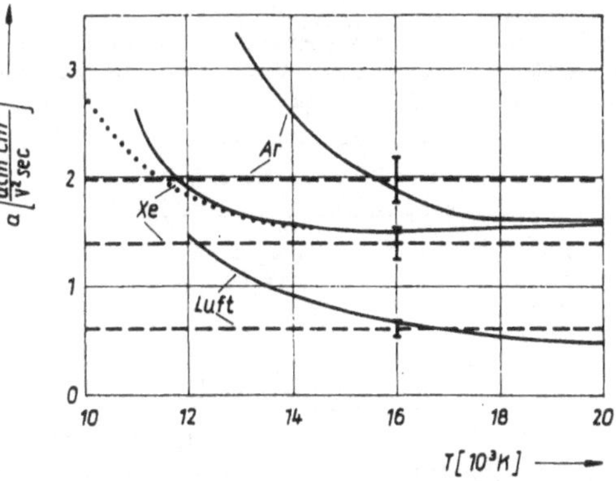

Abb. 50. Die Funken-„Konstanten" als Funktion der Temperatur für verschiedene Gase ($p = 30$ Torr) [181].
———— berechnete Werte nach (69) mit (79) und (85) bzw. (86).
– – – – – – experimentell bestimmte Mittelwerte.
. . . . . . Werte für Xe, berechnet unter Berücksichtigung des Einflusses der Neutralen auf die elektrische Leitfähigkeit

Vergleich die experimentellen Werte nach Tab. 7 eingetragen sind.

Zunächst einmal kann man feststellen, daß das Verhältnis $a = \sigma/u$ (66) in einem thermischen Plasma in der Umgebung von $kT \approx eU_i/10$ (Ar: 18300 K; Xe: 14100 K) tatsächlich angenähert konstant ist, wie das von HESS 1973 [170] behauptet wurde. Der Anstieg von a zu niedrigen Temperaturen hin wird durch die Berücksichtigung des Einflusses der Neutralen auf die elektrische Leitfähigkeit noch verringert, wie das in Abb. 49 für Xenon gezeigt ist. Obwohl die Rechnungen bisher nur bis 20000 K ausgeführt wurden, kann man annehmen, daß a auch bei höheren Temperaturen nicht wesentlich von dem bei 20000 K erreichten Niveau abweichen wird.

Man erkennt weiter, daß die berechneten Funkenkonstanten z. B. bei 16000 K bemerkenswert gut mit den experimentellen Werten übereinstimmen, wie Tab. 8 zeigt.

Tabelle 8

Vergleich zwischen theoretischen und experimentellen Werten der Funkenkonstante a [atm cm^2/V^{2}s]. Die theoretischen Werte wurden bei 16000 K und einer Konzentration der schweren Teilchen von 10^{18} cm^{-3} erhalten.

Gas	exp. (s. Tab. 7)	theoretisch
Ar	2,0	1,95
Xe	1,4	1,53
Luft	0,63	0,70

Die Rechnungen haben gezeigt, daß es möglich ist, die Funkenkonstanten für thermische Funkenentladungen aus den Gaseigenschaften zu berechnen und zwar mit einer Genauigkeit, die für praktische Zwecke z. Z. hinreichend erscheint. Eine Bestätigung der experimentell gefundenen Unabhängigkeit vom Druck in einem weiten Bereich (MESYATS u. a. 1969 [153]) steht noch aus; entsprechende Rechnungen in Xenon sind bei uns im Gange

Die im vorliegenden Abschnitt 2.3. zum Modell für thermische Funkenentladungen angeführten Experimente und Rechnungen zeigen, daß es möglich ist, induktionsarme thermische Funkenentladungen bei Kenntnis des Entladungskreises und des verwendeten Gases zu berechnen. Damit ist ein wesentlicher Beitrag zur Optimierung von Nanosekundenentladungen, wie sie für Impulslichtquellen und als Schalter verwendet werden, geliefert worden.

Die Beschränkung unserer Experimente auf einen sachbedingten engen Parameterbereich ($p_0 = 8$ bzw. 30 Torr; Halbwertsbreite des Impulses der elektrischen Leistung $\Delta t_H \approx 160 \cdots 300$ ns) läßt allerdings Hinweise auf einen breiteren Anwendungsbereich wünschenswert erscheinen. Wir wollen daher im letzten Abschnitt solchen Hinweisen nachgehen, wobei gleichzeitig die theoretisch gewonnenen Ausdrücke den Erfordernissen der Entwicklung von Nanosekunden-Impulslichtquellen angepaßt werden.

3. Zur Berechnung von Nanosekunden-Impulsentladungen

Es existiert eine Vielzahl von Arbeiten über Nanosekunden-Impulslichtquellen auf der Basis von Gasentladungen für die unterschiedlichsten Anwendungszwecke. Man hat jedoch den Eindruck, daß jeder Autor von neuem beginnt, seine Anordnung bezüglich der verschiedenen Parameter wie Gasart, Druck, Elektrodenabstand, Kapazität etc. in einem mühevollen experimentellen Verfahren zu optimieren, wie es typisch ist für ein Gebiet, das sich einer theoretischen Behandlung bisher entzogen hat.

Wir glauben, daß die Theorie von Rompe und Weizel in Kombination mit dem hier entwickelten Ansatz für die Funkenkonstante in thermischen Entladungen geeignet ist, solche Optimierungsaufgaben für das elektrische Verhalten entsprechender Entladungen zu lösen. Um diese

Behauptung zu stützen, wollen wir zunächst einige Beziehungen herleiten, die zur Beschreibung von Impulsentladungen geeignet sind. Anschließend sollen die bisher publizierten experimentellen Ergebnisse auf dem Gebiet der Nanosekunden-Impulslichtquellen mit diesen theoretischen Ansätzen verglichen werden.

3.1. *Eine Näherung für Nanosekunden-Impulsentladungen*

Nanosekunden-Impulsentladungen, wie sie etwa als Lichtquellen verwendet werden, sind wegen des i. a. notwendig induktionsarmen Aufbaus des Entladungskreises in vielen Fällen mit den Beziehungen (74) und (75) des Abschnitts 2.2.2. zu beschreiben. Für den vorliegenden Zweck ist es sinnvoll, Ausdrücke für das Maximum und die Halbwertsbreite des Impulses der elektrischen Leistung anzugeben (Hess 1975 [180]):

$$N_{\max} = \frac{aCU_0^4}{8p_0d^2}, \tag{87}$$

$$\Delta t_H = \frac{3{,}5p_0d^2}{aU_0^2}. \tag{88}$$

Durch diese beiden Angaben wird ein aperiodischer Impuls, wie er hier vorliegt, für viele Zwecke hinreichend charakterisiert. Bemerkenswert ist, daß nach (88) Δt_H unabhängig von C ist.

Für die weitere Diskussion wird die Näherungsformel (84) verwendet:

$$a \approx G\frac{p_0d}{U_D},$$

wobei G eine auch von der Gasart unabhängige Konstante ist. Ferner benutzen wir eine Näherung für die Durchschlagsspannung, die bei höheren Drücken (rechter Teil der PASCHEN-Kurve) angenähert gilt:

$$U_D \approx F p_0 d, \quad F = \text{const}, \tag{89}$$

wobei F, die reduzierte dielektrische Festigkeit des Gases, noch gasartabhängig ist.

Mit diesen beiden Näherungen erhält man

$$N_{\max} \approx \frac{GC}{8F} \frac{U_0^4}{p_0 d^2}, \tag{90}$$

$$\Delta t_H \approx \frac{3{,}5F}{G} \frac{p_0 d^2}{U_0^2}. \tag{91}$$

Betreibt man nun die Entladung mit Überspannung ($U_0 > U_D$), so wird der Impuls umso kürzer und intensiver sein, je höher die Spannung und je geringer der Druck, die Durchschlagsfestigkeit und der Elektrodenabstand.

Die kürzesten und zugleich intensivsten Impulse wird man bei dieser Betriebsart also in den leichten Edelgasen bei geringen Drücken und kleinen Elektrodenabständen erhalten.

Betreibt man die Entladung freilaufend, d. h. beim statischen Durchschlag, so gilt: $U_0 \equiv U_D$.
Damit erhält man aus (90) und (91)

$$N_{\max} \approx \frac{GF^3C}{8} p_0^3 d^2, \tag{92}$$

$$\Delta t_H \approx \frac{3{,}5}{GF} \cdot \frac{1}{p_0}. \tag{93}$$

Der Impuls wird in diesem Falle umso kürzer und intensiver sein, je höher Druck und Durchschlagsfestigkeit sind, im Gegensatz zum Betrieb mit Überspannung. Die Halbwertsbreite ist bemerkenswerterweise nun auch vom Elektrodenabstand unabhängig, während die Leistung stark mit Druck und Elektrodenabstand zunimmt.

Bei dieser Betriebsart wird man kurze und intensive Impulse erhalten, wenn man Gase mit hoher Durchschlagsfestigkeit wie N_2, Luft oder SF_6 bei hohem Druck wählt. Da die Durchschlagsfestigkeit von H_2 nur wenig größer ist als die von Xenon, kann man anstelle des oft verwendeten H_2 allein unter Berücksichtigung des zu erzielenden elektrischen Impulses auch Xenon verwenden, das bei hohem Druck technologisch einfacher zu handhaben ist.

Für vorgegebene Werte von p_0 und d gibt der freilaufende Betrieb die untere Grenze für die Leistung im Maximum und die obere Grenze für die Halbwertsbreite, die in einem bestimmten Gas zu erzielen sind. Mit wachsenden Stoßfaktor $f = U_0/U_D$ nimmt die Leistung stark zu, ebenso nimmt die Halbwertsbreite stark ab:

$$N_{\max} \approx \frac{GFC}{8} p_0 U_0^2 f^2, \tag{94}$$

$$\Delta t_H \approx \frac{3{,}5}{GF} \frac{1}{p_0 f^2}. \tag{95}$$

Für $f = 1$ ($U_0 = U_D$) erhält man aus (94) und (95) wieder die Beziehung für den freilaufenden Betrieb (92) und (93).

Die Entscheidung für eine der beiden Betriebsarten ist in gewissem Sinne willkürlich, wenn man nur von dem zu erzielenden elektrischen Impuls ausgeht. Arbeitet man mit Überspannung, so muß der Entladungskreis zwar ein zusätzliches Schaltelement enthalten; dieses schafft jedoch die Möglichkeit einer kontrollierten Triggerung des Impulses. Ferner ist der geringe Anfangsdruck bequem.

Will man die Entladung jedoch als Lichtquelle verwenden, so ergibt sich ein Kriterium für die Auswahl der Betriebsart aus dem Charakter der spektralen Verteilung der Emission. Benötigt man Kontinuumsstrahlung im Sichtbaren und im nahen UV, so wird man die Hochdruckentladung in durchschlagsfesten Molekülgasen oder schweren Edelgasen wählen, wie sie für den freilaufenden Betrieb typisch ist. Benötigt man kurzwelligere UV-Strahlung, so wird man eher die Niederdruckentladung in den leichten Edelgasen wählen, die zur Erzielung kurzer und leistungsstarker Impulse mit Überspannung betrieben werden muß.

3.2. *Vergleich der Näherung mit Experimenten*

3.2.1. *Experimente bei der statischen Durchschlagsspannung*

Wir wollen nun die theoretischen Beziehungen des vorigen Abschnittes mit Experimenten anderer Autoren und eigenen Ergebnissen vergleichen unter der Annahme, daß die verwendeten Anordnungen im Sinne von (43) induktionsarm sind. Zunächst wenden wir uns den Experimenten im freilaufenden Betrieb zu. Ohne Ausnahme wird bei dieser Betriebsart zur Erzielung kurzer Impulse mit hohen Drücken (weit oberhalb von 1 atm) gearbeitet, wie dies anhand von (92) und (93) vorausgesagt wurde.

Tab. 9 gibt einen Vergleich zwischen den beobachteten Halbwertsbreiten des elektrischen Impulses und den nach (93) berechneten Werten. Für die reduzierte Durchschlags-

Tabelle 9
Vergleich zwischen beobachteten Halbwertsbreiten elektrischer Impulse mit nach (93) berechneten Werten; statischer Durchschlag [180].

Gas	p_0 [atm]	Δt_H^{exp} [ns]	Δt_H^{th} [ns]	Autor	
Xe	20	0,4	0,43	YGUERABIDE	1965 [185]
H_2	≈ 10	0,8[1])	0,68	KERNS et al.	1959 [186]
H_2	18	0,5	0,38	D'ALESSIO et al.	1964 [187]
H_2	20	0,4	0,34	YGUERABIDE	1965 [185]
H_2	30	0,45	0,23	D'ALESSIO et al.	1968 [188]
O_2	6,4	0,66	0,67	HUNDLEY et al.	1967 [189]

[1]) optischer Impuls

festigkeit wurden folgende Werte verwendet: $F_{Xe} = 20$ V/cm Torr, $F_{H_2} = 25$ V/cm Torr und $F_{O_2} = 40$ V/cm Torr ($pd \approx 760$ Torr cm).

Die Übereinstimmung zwischen den experimentellen und theoretischen Werten ist recht gut, wenn man berücksichtigt, daß die Autoren i. a. an der Grenze der Zeitauflösung ihrer Anordnung gearbeitet haben.

Auch die vorausgesagten Tendenzen sind zu erkennen. So nimmt die Halbwertsbreite mit zunehmendem Druck (H_2) und mit wachsender Durchschlagsfestigkeit (Xe, O_2) ab. Auch die anderen zu erwartenden Tendenzen wurden von den Autoren gefunden: Die Halbwertsbreite des elektrischen Impulses ist abhängig vom Elektrodenabstand (D'ALESSIO u. a. 1964 [187], YGUERABIDE 1965 [185]), und es gibt keinen Hinweis auf einen Einfluß der Kapazität. Ferner nimmt die maximale elektrische Leistung in den Experimenten stark mit dem Druck und dem Elektrodenabstand zu, wie das nach (92) erwartet wird (KERNS u. a. 1959 [186], YGUERABIDE 1965 [185]).

Unsere Experimente (HESS und DEPARADE 1974 [171], DEPARADE 1975 [179])beim statischen Durchschlag wurden bei einem Anfangsdruck durchgeführt, der um mehr als zwei Größenordnungen niedriger ist als bei den in Tab. 9 angeführten Experimenten. Entsprechend sind die Halbwertsbreiten (s. (93)) um diesen Faktor größer.

Tab. 10 gibt einen Vergleich zwischen den gemessenen Halbwertsbreiten und den berechneten Werten.

Ungeachtet der sehr viel längeren Zeiten ist auch hier

Tabelle 10
Die Abhängigkeit der Halbwertsbreite des Impulses der elektrischen Leistung von der Durchschlagsfestigkeit [180].

Gas	p_0 [atm]	E_D/p_0 [V/cm Torr]	Δt_H^{exp} [ns]	Δt_H^{th} [ns]
Ar	30	15,0	300	333
Xe	30	19,1	288	300
N_2	30	32,7	234	260
SF_6	8	165	160	157

die Übereinstimmung wiederum bemerkenswert gut. Die Halbwertsdauer nimmt, wie erwartet, mit wachsender Durchschlagsfestigkeit ab.

3.2.2. *Experimente mit Überspannung*

Bereits vor längerer Zeit hatte MALMBERG 1957 [190] gezeigt, daß kurze Lichtimpulse im ns-Bereich auch bei Drücken unterhalb 1 atm erzeugt werden können. Man muß dann allerdings, wie auch aus Gl. (82) ersichtlich, mit Überspannung arbeiten. Auch einige andere Autoren bevorzugten den Betrieb bei niedrigem Druck; Tab. 11 gibt einige Ergebnisse.

Tabelle 11

Gas	p_0 [Torr]	d [cm]	U_D [kV]	U_0 [kV]	Δt_H^{exp} [ns]	$\Delta t_{H,el}^{th}$ [ns]	Autor
N_2	380	0,3	6,5	7	3	5,2	[191]
Luft	380	0,3	6,2	7	2,5	4,9	[191]
H_2	380	0,3	3,7	7	2	2,9	[191]
H_2	120	0,2	1,0	5	3	1,0	[192]
H_2	100	0,04	0,4	4	< 1	0,13	[190]
H_2	10	2,0	1,0	3	< 20	29	[193]
Ar	50	2,0	1,6	3	60	46	[193]

Leider findet man nur Angaben über den optischen Impuls, der i. a. etwas länger ist als der elektrische (bei den der Tabelle 10 zugrunde liegenden Experimenten mit Halbwertsbreiten von 100 ⋯ 300 ns war der optische Impuls fast unabhängig von der Gasart um etwa den Faktor 1,5 länger als der elektrische).

Wiederum kann eine recht gute Korrelation zwischen den beobachteten und den berechneten Werten festgestellt werden. Bei Überspannung ist die Abhängigkeit der Halbwertsbreite von den verschiedenen Parametern komplizierter als beim freilaufenden Betrieb; neben Druck und Durchschlagsfestigkeit bestimmen nun auch noch Spannung und Elektrodenabstand den Wert.

Betrachtet man verschiedene Gase (N_2, Luft, H_2) unter festgehaltenen äußeren Bedingungen (p_0, d, U_0), so wächst die Halbwertsbreite mit der Durchschlagsfestigkeit. Die Genauigkeit der berechneten Werte in Tabelle 11 darf nicht überschätzt werden, da die verwendete Beziehung (89) für geringe *pd*-Werte, wie sie gerade bei dieser Betriebsweise gefordert sind, nur sehr grob gilt.

Abschließend kann man feststellen, daß die für thermische Entladungen modifizierte Theorie von ROMPE und WEIZEL imstande ist, die wesentlichen Eigenschaften von Nanosekundenentladungen vom induktionsarmen Typ richtig wiederzugeben. Der thermische Charakter der hier zum Vergleich herangezogenen Experimente anderer Autoren erscheint gesichert (s. Abschnitt 2.3.1. über Relaxationszeiten); lediglich bei den Entladungen in H_2 bei 120 und 100 Torr (Zeile 4 und 5 von Tab. 11) dürfte der thermische Zustand während der Entladung nicht vollständig erreicht werden.

4. Zusammenfassung

Thermische Funkenplasmen, insbesondere solche in induktionsarmen Entladungen, finden u. a. Anwendung in Nanosekunden-Impulslichtquellen und schnellen Schaltern. Die vorliegende Arbeit sollte Berechnungsunterlagen für die Optimierung des elektrischen Verhaltens von Nanosekunden-Entladungen liefern, um so zahlreichen Anwenderforderungen nachkommen zu können. Zu diesem Zwecke wurde von uns — ausgehend von einem Ansatz von ROMPE und WEIZEL für nichtthermische Plasmen — ein Modell für thermische Funkenplasmen entwickelt, das es gestattet, das elektrische Verhalten aus den Gaseigenschaften zu berechnen. Die Gültigkeit dieses Modells konnte in der Arbeit theoretisch und experimentell verifiziert und seine Anwendbarkeit nachgewiesen werden.

Da die Höhe der Durchschlagsspannung wesentlich

in die gewonnenen Aussagen eingeht, wurden in einem ersten Teil die Durchschlagsmechanismen und die Durchschlagskriterien behandelt und die Durchschlagsspannung — soweit möglich — auf Elementardaten der Gase zurückgeführt.

Dabei dürfte die Diskussion der Berechnung der Durchschlagsspannung aus den TOWNSENDschen Ionisierungskoeffizienten und eine Zusammenstellung von PASCHEN-Kurven einen breiten Interessentenkreis finden.

Im zweiten Teil wurde die Phase des Spannungszusammenbruchs behandelt und das Modell für thermische Funkenentladungen entwickelt und untersucht.

Das auf dem Ansatz von ROMPE und WEIZEL basierende neue Modell konnte durch unsere Rechnungen theoretisch begründet werden; unsere Experimente verifizierten diese Aussagen in einer Reihe von Gasen mit technischer Bedeutung wie N_2, Xe und SF_6.

Im dritten Teil der Arbeit wurden schließlich auf der Grundlage des Modells die Beziehungen abgeleitet, die für Optimierungsaufgaben geeignet sind. Dieser Teil gibt die Quintessenz unserer Ergebnisse für die Anwendung wieder. Er liefert eine Anleitung zur Erzeugung leistungsstarker Impulsentladungen kurzer Dauer. Ein Vergleich mit experimentellen Untersuchungen einer Reihe von anderen Autoren an ns-Lichtquellen zeigt die Brauchbarkeit unseres Modells.

Während der erste Teil — abgesehen von einigen Randergebnissen — eine kommentierte Literaturübersicht darstellt, sind im zweiten Teil eigene Ergebnisse enthalten. Der dritte Teil ist überwiegend den eigenen Arbeiten gewidmet.

Abschließend kann man sagen, daß neben der Bereitstellung der geforderten Berechnungsunterlagen für die Optimierung von Nanosekunden-Entladungen eine Vertiefung des Verständnisses der Vorgänge bei kurzzeitigen Funkenentladungen erzielt wurde. Ferner bildet die Arbeit die Grundlage für Untersuchungen zur Abstrahlung aus Nanosekunden-Entladungen.

5. Literatur

[1] LLEWELLYN-JONES, F.: The Glow Discharge. Methuen, London 1966

[2] LLEWELLYN-JONES, F.: Ionization and Breakdown in Gases. Methuen, London 1957

[3] LLEWELLYN-JONES, F.: Ionization Avalanches and Breakdown. Methuen, London 1967

[4] SOMMERVILLE, J. M.: The Electric Arc. Methuen, London 1959

[5] FRANCIS, G.: The Glow Discharge at Low Pressure. Hdb. Phys. **22**, Springer-Verlag, Berlin 1956

[6] LOEB, L. B.: Electrical Breakdown of Gases with Steady or Direct Current Impulse Potentials. Hdb. Phys. **22**, Springer-Verlag, Berlin 1956

[7] BROWN, S. C.: Introduction to Electrical Discharges in Gases. Wiley, New York 1966

[8] RAETHER, H.: Electron Avalanches and Breakdown in Gases. Butterworths, London 1964

[9] HESS, H.: On the Temperature Dependence of the Breakdown Voltage of High-Pressure Mercury Lamps. Proc. IXth Int. Conf. Phen. Ionized Gases, Bukarest 1969

[10] HESS, H.: Anlaufvorgang und stationäre Charakteristik einer Quecksilberdampf-Höchstdrucklampe. Beitr. Plasmaphys. (in Vorbereitung)

[11] SCHULZ, P.: Elektronische Vorgänge in Gasen und Festkörpern. Verlag G. Braun, Karlsruhe 1968

[12] ENGEL, A. v., und M. STEENBECK: Elektrische Gasentladungen, Bd. I. Springer-Verlag, Berlin 1932

[13] LOEB, L. B.: Basic Processes of Gaseous Electronics. University of California Press, Berkeley and Los Angeles 1960

[14] SCHLUMBOHM, H.: Statistik der Elektronenlawinen im ebenen Feld III. Z. Phys. **151** (1958) 563

[15] FROMMHOLD, L.: Eine Untersuchung der Elektronenkomponente von Elektronenlawinen. Z. Phys. **156** (1959) 144

[16] RICHTER, K.: Die Trägervermehrung einer Lawine mit Eigenraumladung. Z. Phys. **157** (1959) 130

[17] THOLL, H.: Der Einfluß der Eigenraumladung auf die Trägervermehrung in einer Lawine in N_2, CH_4 und $N_2 + CH_4$. Z. Phys. **172** (1963) 536

[18] SCHLUMBOHM, H.: Elektronenstoßkoeffizient (α) für organische Dämpfe und Sauerstoff. Z. angew. Phys. **11** (1959) 156

[19] SCHMIDT-TIEDEMANN, K. J.: Die Raumladungsbremsung von Elektronenlawinen. Z. Naturforschg. **14a** (1959) 989

[20] RAETHER, H.: Die Entwicklung der Elektronenlawine in den Funkenkanal. Erg. exakt. Naturwiss. **22** (1949) 73

[21] BECKER, R.: Theorie der Wärme, Springer-Verlag, Berlin 1961

[22] HOFFMANN, W.: Messung der von Elektronenlawinen erzeugten Raumladungsfelder mittels einer Sondenlawine. Z. Phys. **200** (1967) 287

[23] RICHTER, K.: Die Eigenschaften von Elektronenlawinen bei hohen Verstärkungen in Äther. Z. Phys. **180** (1964) 489

[24] RAETHER, H.: Die Elektronenlawine und ihre Entwicklung. Erg. exakt. Naturwiss. **33** (1961) 175

[25] THOLL, H.: Zur Entwicklung einer Elektronenlawine bei Überspannung in N_2. Teil 1. Generationsaufbau. Z. Naturforschg. **19a** (1964) 346

[26] AUER, P. L.: Transient Analysis of the Townsend Discharge. Phys. Rev. **111** (1958) 671

[27] KLUCKOW, R.: Über den zeitlichen Verlauf des Stromes einer Townsend-Entladung im ebenen Felde. Z. Naturforschg. **16a** (1961) 539

[28] KLUCKOW, R.: Über den zeitlichen Verlauf des Stromes einer Gasentladung in Wasserstoff. Z. Phys. **161** (1961) 353

[29] ENGEL, A. v., und M. STEENBECK: Elektrische Gasentladungen, Bd. II. Verlag Springer, Berlin 1934

[30] VARNEY, R. N., H. J. WHITE, L. B. LOEB und D. Q. POSIN: The Role of Space Charge in the Study of the Townsend Ionization Coefficients and the Mechanism of Static Breakdown. Phys. Rev. **48** (1935) 818

[31] CROWE, R. W., J. K. BRAGG und V. G. THOMAS: Space Charge Formation and the Townsend Mechanism of Spark Breakdown in Gases. Phys. Rev. **96** (1954) 10

[32] WARD, A. L.: Effect of Space Charge in Cold-Cathode Gas Discharges. Phys. Rev. **112** (1958) 1852

[33] WARD, A. L., und E. JONES: Electrical Breakdown in Hydrogen at Low Pressures. Phys. Rev. **122** (1961) 376

[34] WARD, A. L.: Calculations of Electrical Breakdown in Air at Near-Atomspheric Pressure. Phys. Rev. **138** (1965) A 1357

[35] Köhrmann, W.: Die zeitliche Entwicklung der Townsend-Entladung unter dem Einfluß der Raumladung. Z. angew. Phys. **11** (1959) 414

[36] Köhrmann, W.: Der Stromanstieg einer Townsend-Entladung unter dem Einfluß einer Raumladung. Z. Naturforschg. **19a** (1964) 245

[37] Köhrmann, W.: Die zeitliche Entwicklung der Townsend-Entladung bis zum Durchschlag. Z. Naturforschg. **19a** (1964) 926

[38] Mielke, H.: Der zeitliche Stromanstieg bei der statischen Durchbruchsspannung in Luft, Wasserstoff und Sauerstoff. Z. angew. Phys. **11** (1959) 409

[39] Raether, H.: Die Entwicklung der Elektronenlawine in den Funkenkanal. Z. Phys. **112** (1939) 464

[40] Raether, H.: Zum Aufbau von Gasentladungen. Die Naturwissenschaften **28** (1940) 749

[41] Raether, H.: Über den Aufbau von Gasentladungen, I, II. Z. Phys. **117** (1941) 375, 524

[42] Wagner, K. H.: Die Entwicklung der Elektronenlawine in den Plasmakanal, untersucht mit Bildverstärker und Wischverschluß. Z. Phys. **189** (1966) 465

[43] Wagner, K. H.: Vorstadium des Funkens, untersucht mit dem Bildverstärker. Z. Phys. **204** (1967) 177

[44] Pfaue, J., und H. Raether: Oszillografische Beobachtungen zum Kanalaufbau in Dämpfen. Z. Phys. **153** (1959) 523

[45] Tholl, H.: Der Übergang der Elektronenlawine in den Kanalaufbau bei hoher Überspannung in Stickstoff (mit geringem CH_4-Zusatz). Z. Naturforschg. **18a** (1963) 587

[46] Tholl, H.: Zur Entwicklung der Elektronenlawine bei Überspannung in N_2. Teil 2. Kanalaufbau. Z. Naturforschg. **19a** (1964) 704

[47] Wagner, K. H.: Die weitere Entwicklung der Elektronenlawine, untersucht mit Bildverstärker und Wischverschluß. Z. Phys. **180** (1964) 516

[48] Loeb, L. B., und J. M. Meek: The Mechanism of Spark Discharge in Air at Atmospheric Pressure, I, II. J. Appl. Phys. **11** (1940) 438, 459

[49] Meek, J. M.: A Theory of Spark Discharge. Phys. Rev. **57** (1940) 722

[50] Reininghaus, W.: The Influence of Secondary Avalanches on the Development of the Cathode-Directed Streamer. J. Phys. D 5 (1972) 1448

[51] Koppitz, J.: Image Converter and Intensifier Investigations on Luminous Fronts (Ionizing Waves) in Nitrogen Discharges in a Homogeneous Field. Z. Naturforschg. **26a** (1971) 700

[52] Reininghaus, W.: Calculation of Streamers in Gaseous Discharges. J. Phys. D 6 (1973) 1486

[53] Gallimberti, I.: A Computer Model for Streamer Propagation. J. Phys. D 5 (1972) 2179

[54] Köhrmann, W., und H. Raether: Die Bedeutung des Kanalaufbaus für den Durchschlag in Luft. Naturwiss. **41** (1954) 400

[55] Köhrmann, W.: Über den elektrischen Durchschlag in Luft bei kleinen und mittleren Überspannungen. Z. angew. Phys. **7** (1955) 187

[56] Köhrmann, W.: Der Einfluß der Luftfeuchtigkeit auf den elektrischen Durchschlag in Luft. Ann. Phys. **18** (1956) 379

[57] Dehne, K., W. Köhrmann und H. Lenné: Measurement of the Formative Time Lag for Sparks in Air, Hydrogen, and Nitrogen. Dielectrics **1** (1963) 129

[58] Chalmers, P., und D. I. Tedford: The Temporal Growth of Ionization in Long Uniform Field Gaps in Nitrogen and Air. Proc. 2nd Int. Conf. Gas Discharges, London 1972, S. 288

[59] Hess, H.: Kanalaufbau beim statischen Durchschlag. Beitr. Plasmaphys. **14** (1974) 27

[60] Koppitz, J.: Discharges of Large Cross Section at High Overvoltages in N_2. Proc. 2nd Int. Conf. Gas Discharges, London 1972, S. 294

[61] Koppitz, J.: N_2 Discharges of Large Cross Section at High Overvoltage in a Homogeneous Field. J. Phys. D 6 (1973) 1494

[62] Kline, L. E., und J. G. Siambis: Computer Simulation of Electrical Breakdown in Gases; Avalanche and Streamer Formation. Phys. Rev. A 5 (1972) 794

[63] Engel, A. v.: Ionization in Gases by Electrons in Electric Fields. Hdb. Phys. **21** (1956) 504

[64] Takeishi, Y.: A Note on the Normal Cathode Fall in the Glow Discharges in Inert Gases. J. Phys. Soc. Japan **13** (1958) 767

[65] Pech, P.: Zündspannung und normaler Katodenfall der Glimmentladung für Edelgase und reine Molybdänkatoden. Beitr. Plasmaphys. **11** (1971) 233

[66] Massey, H. S. W., und E. H. S. Burhop: Electronic and Ionic Impact Phenomena. Vol. 1, p. 291. Clarendon Press, Oxford 1969

[67] Emeléus, K. G., R. W. Lunt und C. A. Meek: Ionization Excitation, and Chemical Reaction in Uniform Electric Fields. I — The Townsend Coefficient of Ionization. Proc. Roy. Soc. A **156** (1936) 394

[68] Smit, J. A.: Berechnung der Geschwindigkeitsverteilung der Elektronen bei Gasentladungen in Helium. Physica **3** (1936) 543

[69] Dunlop, S. H.: Townsend's Ionization Coefficient for Helium. Nature **164** (1949) 452

[70] Deas, H. D., und K. G. Emeléus: Determination of the Electron Energy Distribution in Gases from Townsend's Ionization Coefficient. Philos. Mag. **40** (1949) 460

[71] Abdelnabi, I., und H. S. W. Massey: Inelastic Collisions of Electrons in Helium and Townsend Ionization Coefficient. Proc. Phys. Soc. A **66** (1953) 288

[72] Phelps, A. V.: Role of Molecular Ions, Metastable Molecules and Resonance Radiation in the Breakdown of Rare Gases. Phys. Rev. **117** (1960) 619

[73] Davies, D. K., F. Llewellyn-Jones und C. C. Morgan: Primary Ionization Coefficient of Helium. Proc. Phys. Soc. **80** (1962) 898

[74] Lewis, T. J.: Electron Energy Distributions in Uniform Electric Fields and the Townsend Ionization Coefficient. Proc. Roy. Soc. **24** (1958) 166

[75] Chanin, L. M., und G. D. Rork: Experimental Determinations of the First Townsend Ionization Coefficient in Helium. Phys. Rev. **133** (1964) 1005

[76] Kruithoff, A. A.: Townsend's Ionization Coefficients for Neon, Argon, Krypton and Xenon. Physica **7** (1940) 519

[77] Chanin, L. M., und G. D. Rork: Measurements of the First Townsend Ionization Coefficient in Neon and Hydrogen. Phys. Rev. **132** (1963) 2547

[78] Masch, K.: Über Elektronenionisierung von Stickstoff, Sauerstoff und Luft bei geringen und hohen Drucken. Arch. Elektrotechn. **26** (1932) 587

[79] SANDBERG, E. J.: Durchschlagsfestigkeit der Gase und Ionisationskoeffizienten. JTF **17** (1947) 299

[80] BHALLA, M. S., und J. D. CRAGGS: Measurement of Ionization and Attachment Coefficients in Sulphur Hexafluoride in Uniform Fields. Proc. Phys. Soc. **80** (1962) 151

[81] DUTTON, J., F. M. HARRIS und G. J. JONES: Ionization, Attachment and Breakdown in SF_6. Nature **227** (1970) 702

[82] DUTTON, J., und F. M. HARRIS: High Voltage Breakdown in Uniform Fields. Intern. Conf. Gas Discharges, London 1970, p. 544

[83] MOSCH, W., W. HAUSCHILD: Möglichkeiten zur Berechnung der Durchschlagsspannung schwach inhomogener Anordnungen im SF_6. Elektrie **28** (1974) 152

[84] GEBALLE, R., und M. L. REEVES: A Condition on Uniform Field Breakdown in Electron-Attaching Gases. Phys. Rev. **92** (1953) 867

[85] BLAIR, D. T. A., und B. H. CRICHTON: The Limiting Condition for Sparkover in Gases Forming Unstable Negative Ions. J. Phys. D **7** (1974) 378

[86] GÄNGER, B.: Der elektrische Durchschlag von Gasen. Springer-Verlag. Berlin/Göttingen/Heidelberg 1953

[87] LITTLE, P. F.: Secondary Effects. Hdb. Phys. **21** (1956) 574

[88] OVERTON, G. D. N., und D. E. DAVIES: Mechanism of Electric Breakdown in Mercury Vapour. J. Phys. D **1** (1968) 881

[89] BOWLS, W. E.: The Effect of Cathode Material on the Second Townsend Coefficient for Ionization by Collision in Pure and Contaminated N_2 Gas. Phys. Rev. **53** (1938) 293

[90] HALE, D. H.: The Townsend Coefficients for Ionization by Collision in Pure and Contaminated Hydrogen as a Function of the Cathode Material. Phys. Rev. **55** (1939) 815

[91] DE LA RUE, W., und H. W. MÜLLER: Experimental Researches on the Electrical Discharge with the Chloride of Silver Battery. Phil. Trans. Roy. Soc. **171** (1880) 65

[92] PASCHEN, F.: Über die zum Funkenübergang in Luft, Wasserstoff und Kohlensäure bei verschiedenen Drucken erforderliche Potentialdifferenz. Weid. Ann. **37** (1889) 69

[93] DUTTON, J., F. M. HARRIS und G. J. JONES: Departures from Paschen's Law for Sulphur Hexafluoride. Proc. IEE **118** (1971) 732

[94] LEVI, F.: Über das Funkenpotential in Helium. Ann. Phys. **6** (1930) 409

[95] Ehrenkrantz, F.: Spark Breakdown Potentials as a Function of the Product of the Pressure by the Separation in Ar, N_2 and H_2 for Pt and Na Cathodes. Phys. Rev. **55** (1939) 219

[96] Hackam, R.: Breakdown Potential of Mercury Vapour in Uniform Electric Fields. Int. J. Electronics **28** (1970) 263

[97] Meek, J. M., und J. D. Craggs: Electrical Breakdown of Gases. Clarendon Press, Oxford 1953

[98] George, D. W., und P. H. Richards: Electrical Field Breakdown Potential and First Ionization Coefficient in a Townsend Discharge in Caesium Vapour. J. Phys. D **6** (1973) 206

[99] Garamoon, A. A. W. M., und N. A. Surplice: The Breakdown Potential and First Ionization Coefficient in a Townsend Discharge in Caesium Vapour. J. Phys. D **6** (1973) 206

[100] Bruce, F. M., G. C. Crichton und D. J. Tedford: Avalanche Pulses in Arcton 12. Proc. IEE **114** (1967) 178

[101] Takeishi, Y.: On the Auger Ejection of Electrons from Nickel by Inert Gas Ions. J. Phys. Soc. Japan **13** (1958) 766

[102] Townsend, J. S., und S. P. McCallum: Ionization by Collision in Helium. Phil. Mag. **17** (1934) 678

[103] Dutton, J., und D. B. Rees: Ionization Processes in Helium at Pressures Near to Atmospheric. Brit. J. Appl. Phys. **18** (1967) 309

[104] Carr, W. R.: On the Laws Governing Electric Discharges in Gases at Low Pressures. Philos. Trans. A **102** (1903) 403

[105] Grigorovici, R.: Die Zündspannung von reinem Quecksilberdampf. Z. Phys. **111** (1938) 596

[106] Llewellyn-Jones, F., und W. R. Galloway: The Sparking Potential of Mercury Vapour Proc. Phys. Soc. **50** (1938) 729

[107] Hackam, R.: Breakdown Potential of Mercury Vapour in Uniform Electric Fields. Int. J. Electronics **28** (1970) 263

[108] Davies, D. E., und D. Smith: Primary Ionization Coefficients in Mercury Vapour at Low Pressure (< 5 Torr) using a Pool Cathode. Brit. J. Appl. Phys. **16** (1965) 697

[109] Garamoon, A. A. W. M., und N. A. Surplice: Secondary Ionization Coefficients in a Low-Pressure Discharge in Mercury Vapour. J. Phys. D **5** (1972) 1267

[110] Imhof, A.: Hochspannungsisolierstoffe. Verlag G. Braun, Karlsruhe 1957

[111] FRICKE, H.: Die Durchschlagsspannung von extrem reinem und trockenem Wasserstoff und Sauerstoff bei Drücken von 1 bis 60 Torr und Abständen von 1 bis 35 mm und ihre Abweichung vom Paschenschen Gesetz. Z. Phys. **86** (1933) 464

[112] PRASAD, A. N., und J. D. CRAGGS: Measurement of Townsend's Ionization Coefficients and Attachment Coefficients in Oxygen. Proc. Phys. Soc. **77** (1961) 385

[113] SCHLUMBOHM, H.: Stoßionisierungskoeffizient α, mittlere Elektronenenergien und die Beweglichkeit von Elektronen in Gasen. Z. Phys. **184** (1965) 492

[114] HARRISON, M. A., und R. GEBALLE: Simultaneous Measurement of Ionization and Attachment Coefficients. Phys. Rev. **91** (1953) 1

[115] DOEHRING, A.: Messung der Anlagerungswahrscheinlichkeit von Elektronen an Sauerstoff mittels einer Laufzeitmethode. Z. Naturforschg. **7a** (1952) 253

[116] CHANIN, L. M., A. V. PHELPS und M. A. BIONDI: Measurements of the Attachment of Low-Energy Electrons to Oxygen Molecules. Phys. Rev. **128** (1962) 219

[117] GRÜNBERG, R.: Messungen des Anlagerungskoeffizienten von Elektronen in Sauerstoff. Z. Naturforschg. **24a** (1969) 1039

[118] LUCAS, J., D. A. PRICE und J. L. MORUZZI: The Calculation of Electron Energy Distributions and Attachment Coefficient for Electron Swarms in Oxygen. J. Phys. D **6** (1973) 1503

[119] ZEIER, O.: Durchschlaguntersuchungen in komprimierten Gasen und in flüssiger Kohlensäure. Ann. Phys. **14** (1932) 415

[120] SCHLUMBOHM, H.: Elektronenlawinen in elektronegativen Gasen. Z. Phys. **166** (1962) 192

[121] MÖLLER, K.: Ein Beitrag zur Überprüfung der Funkengesetze von TOEPLER, ROMPE-WEIZEL und BRAGINSKIJ. ETZ-A **92** (1971) 37

[122] BOYD, H. A., F. M. BRUCE und D. J. TEDFORD: Sparkover in Long Uniform-Fields Gaps. Nature **210** (1966) 719

[123] DANIEL, T. N., J. DUTTON und F. M. HARRIS: Similarity in Air and Nitrogen II. J. Phys. D **2** (1969) 1559

[124] FARISH, O., und D. J. TEDFORD: Similarity in Air and Nitrogen I. J. Phys. D **2** (1969) 1555

[125] DUTTON, J., S. C. HAYDON und F. LLEWELLYN-JONES: Electrical Breakdown of Gases. II. Spark Mechanism in Nitrogen. Proc. Roy. Soc. A **213** (1952) 203

[126] DANIEL, T. N., und F. M. HARRIS: The Spatial Growth of Ionization Currents in Nitrogen at Voltages up to 500 kV. J. Phys. B **3** (1970) 363

[127] MESYATS, G. A., und G. S. KORSHUNOV: Gesetzmäßigkeiten der Funkenbildung in Nanosekundenbereich beim statischen Durchschlag. JTF **38** (1968) 646

[128] BHALLA, M. S., und J. D. CRAGGS: Measurement of Ionization and Attachment Coefficients in Carbon Dioxide in Uniform Fields. Proc. Phys. Soc. **76** (1960) 369

[129] FREY, B.: Beitrag zur Kenntnis des Funkenpotentials in Stickstoff. Ann. Phys. Lpz. **85** (1928) 381

[130] TOEPLER, M.: Stoßspannung, Überschlag und Durchschlag bei Isolatoren. ETZ **45** (1924) 1045

[131] TOEPLER, M.: Zur Bestimmung der Funkenkonstante. Arch. Elektrotechn. **18** (1927) 549

[132] TOEPLER, M.: Zusammenhang zwischen Funken, Büschellichtbogen und Bogen. Arch. Elektrotechn. **18** (1927) 563

[133] ROMPE, R., und W. WEIZEL: Über das Toeplersche Funkengesetz. Z. Phys. **122** (1944) 636

[134] WEIZEL, W., und R. ROMPE: Theorie des elektrischen Funkens. Ann. Phys. (Leipzig) **1** (1947) 285

[135] WEIZEL, W., und R. ROMPE: Theorie elektrischer Lichtbögen und Funken. Verlag J. A. Barth, Leipzig 1949

[136] BRAGINSKIJ, S. I.: Zur Theorie der Entwicklung des Funkenkanals. JETF **34** (1958) 1548

[137] GONCHARENKO, G. M., und I. N. ROMANENKO: Untersuchung des Kanals einer Impulsentladung in Helium bei Drücken bis 100 atm und in Luft bei Atmosphärendruck. JTF **40** (1970) 2538

[138] SCHRÖDER, G. A.: Observations on Spark Discharges in Air at pd Values of about 100 Torr cm. Proc. 7th Int. Conf. Phen. Ionized Gases, Belgrad 1965

[139] DORAN, A. A., und J. MEYER: Photographic and Oscillographic Investigations of Spark Discharges in Hydrogen. Brit. J. Appl. Phys. **18** (1967) 793

[140] MEYER, J.: Spectroscopic Investigation of Channel Initiation in Hydrogen Sparks. Brit. J. Appl. Phys. **18** (1967) 801

[141] CAVENOR, M. C., und J. MEYER: The Development of Spark Discharges in Hydrogen. Aust. J. Phys. **22** (1969) 155

[142] MEYER, J.: The Development of the Discharge Plasma in a Hydrogen Spark at Small pd Values. J. Phys. D **2** (1969) 221

[143] Kekez, M. M., M. R. Barrault und J. D. Craggs: Spark Channel Formation. J. Phys. D **3** (1970) 1886

[144] Kekez, M. M., M. R. Barrault und J. D. Craggs: Spectroscopic Investigation of the Spark Channel. J. Phys. D **5** (1972) 253

[145] Doran, A. A.: The Development of a Townsend Discharge in N_2 up to Breakdown Investigated by Image Converter, Intensifier and Photomultiplier Techniques. Z. Phys. **208** (1968) 427

[146] Doran, A. A.: Space Charge Fields in the Development of a Townsend Discharge in Nitrogen. Aust. J. Phys. **22** (1969) 447

[147] Farish, O., und D. J. Tedford: Temporal Development of Spark Breakdown in Nitrogen and Air. Proc. IEE **114** (1967) 277

[148] Chalmers, I. D., und H. Duffy: Observation of the Arc-Forming Stages of Spark Breakdown Using an Image Intensifier and Converter. J. Phys. D **4** (1971) 1302

[149] Chalmers, I. D., H. Duffy und D. J. Tedford: The Mechanism of Spark Breakdown in Nitrogen, Oxygen and Sulphur Hexafluoride. Proc. Roy. Soc. **A 329** (1972) 171

[150] Rogowski, W., E. Flegler und R. Tamm: Arch. Elektrotechn. **18** (1927) 506

[151] Rogoff, G. L.: Gas Heating Effects in the Constriction of a High-Pressure Glow Discharge. Phys. Fluids **15** (1972) 1931

[152] Dickey, F. R.: Contribution to the Theory of Impulse Breakdown. J. Appl. Phys. **23** (1952) 1336

[153] Mesyats, G. A., V. V. Kremnev, G. S. Korshunow und Yu. V. Yankelevich: Strom und Spannung eines Funkens beim Impulsdurchschlag einer Gasstrecke im Nanosekundenbereich. JTF **39** (1969) 75

[154] Fletcher, R. C.: Impulse Breakdown in the 10^{-9}-sec Range of Air at Atmospheric Pressure. Phys. Rev. **76** (1949) 1501

[155] Artmann, J.: Über Näherungsmethoden zur Bestimmung der spezifischen Wärmen und des Isentropenexponenten eines thermischen Plasmas. Z. Phys. **183** (1965) 65

[156] Gaydon, A. G., und I. R. Hurle: The Shock Tube in High-Temperature Chemical Physics. Chapman and Hall Ltd., London 1963

[157] Chalmers, J. D.: The Transient Glow Discharge in Nitrogen and Dry Air. J. Phys. D **4** (1971) 1147

[158] Fisher, L. H., und G. H. Kachikas: Formative Time Lags of Spark Breakdown in Oxygen. Phys. Rev. **79** (1950) 232

[159] Livey, G. J., I. D. Chalmers und O. Farish: Transient Glow Discharges in N_2-CO_2-He-Mixtures. 3rd Int. Conf. Gas Discharges, London 1974, p. 348

[160] Drabkina, S. J.: Zur Theorie der Entwicklung des Funkenentladungskanals. JETF **21** (1951) 473

[161] Morgenroth, H., H. Hess, K. Kischel, K. Rademacher und K. Seliger: Zur Theorie der Stoßwellenausbreitung und der Kanalentwicklung bei starken Funkenentladungen. Ann. Phys. **8** (1961) 175

[162] Gündel, H.: Über den Aufbau schneller diffuser Impulsentladungen. Beitr. Plasmaphys. **13** (1973) 1

[163] Toepler, M.: Zur Kenntnis der Gesetze der Gleitfunkenbildung. Ann. Phys. **21** (1906) 193

[164] Pfeiffer, W.: Untersuchung des Verlaufs von Funkenentladungen in verschiedenen Gasen bei Überdruck. Dissertation, TH Darmstadt 1970. (Darmstädter Dissertation D 17)

[165] Hess, H.: Abweichungen von der Saha-Boltzmann-Besetzung der angeregten Zustände in einem Plasma. Herbstschule für Plasmaphysik, Binz (Rügen) 1967

[166] Brown, S. C.: Basic Data of Plasma Physics, 1966. M. I. T. Press, Cambridge, Mass., 1967

[167] Dutton, J., F. M. Harris und G. J. Jones: Drift Velocities of Electrons in Sulphur Hexafluoride. Proc. X^{th} Int. Conf. Phen. Ionized Gases, Contributed Papers, p. 60, Oxford 1971

[168] Vedeneyev, V. I.: Bond Energies, Ionization Potentials and Electron Affinities. Edward Arnold Publishers, London 1966

[169] Ludwig, E. H.: Weiterführung der Theorie der positiven Niederdrucksäule II. Z. angew. Phys. **5** (1953) 421

[170] Hess, H.: Zur Funkenkonstante nach Rompe und Weizel. Beitr. Plasmaphys. **13** (1973) 131

[171] Hess, H., und W. Deparade: The Transition to the Spark in Low-Inductance Discharges. 3rd Int. Conf. Gas Discharges, London 1974 (IEE Publ. No 118), p. 136

[172] Ali, A. W., und A. D. Anderson: Electron Excitation and Ionization Rate Coefficients, and the Rate of Energy Loss to the Vibrational Levels (Application to the Nitrogen Molecule. NRL Report **6571** (1967)

[173] FABIAN, H.: Experimentelle Untersuchungen an nichtthermischen He—N_2-Gemischen unter Atmosphärendruck. Diplomarbeit. Humboldt-Universität Berlin 1973

[174] FABIAN, H., H. GÜNDEL und K. SELIGER: Untersuchungen an Impulsentladungen in N_2—He-Gemischen bei Atmosphärendruck. Beitr. Plasmaphys. **13** (1973) 381

[175] GRÜNBERG, R.: Gesetzmäßigkeiten von Funkenentladungen im Nanosekundenbereich. Z. Naturforschg. **20a** (1965) 202

[176] SPITZER, L.: Physics of Fully Ionized Gases. Interscience Publishers, New York 1962

[177] RADTKE, R., und K. GÜNTHER: The Dependence of the Ion Transport Cross Section on the Gas Species in Cold Dense Plasmas. 11th ICPIG, Contr. Papers, p. 274, Prag 1973

[178] DRAWIN, H.-W.: Zur spektroskopischen Temperatur- und Dichtemessung von Plasmen bei Abwesenheit thermodynamischen Gleichgewichtes. Z. Phys. **172** (1963) 429

[179] DEPARADE, W.: Diplomarbeit. Humboldt-Universität Berlin in Vorbereitung

[180] HESS, H.: On the Theory of the Spark Plasma in Nanosecond Light Sources and Fast Spark Switches. J. Phys. D 8 (1975) 685

[181] HESS, H., und R. RADTKE: On the Calculation of Low-Inductance Spark Discharges. J. Phys. D 8 (1975) 681

[182] IRMER, J. und M. WORM: Die Zusammensetzung thermischer Edelgasplasmen im Temperaturbereich von 1000 bis 20000 K bei Drücken von 1 bis 50 atm. Akademie-Verlag, Berlin 1974

[183] GÜNTHER, K.: Private Mitteilung, 1969

[184] PREDVODITELEV, A. S.: Tabellen der thermodynamischen Funktionen der Luft. Verlag der Akademie der Wissenschaften der UdSSR, Moskau 1959

[185] YGUERABIDE, J.: Generation and Detection of Subnanosecond Light Pulses: Application to Luminescence Studies. Rev. Sci. Instr. **36** (1965) 1734

[186] KERNS, Q. A., F. A. KIRSTEN und G. C. COX: Generator of Nanosecond Light Pulses for Phototube Testing. Rev. Sci. Instr. **30** (1959) 31

[187] D'ALESSIO, J., P. K. LUDWIG und M. BURTON: Ultraviolet Lamp for the Generation of Intense, Constant-Shape Pulses in the Subnanosecond Region. Rev. Sci. Instr. **35** (1964) 1015

[188] D'ALESSIO, J. T., und H. LANZA: Discharge Mechanism in Gases in the Subnanosecond Region. Rev. Sci. Instr. **39** (1968) 1029

[189] HUNDLEY, L., und T. COBURN: Nanosecond Fluorimeter. Rev. Sci. Instr. **38** (1967) 488

[190] MALMBERG, J. H.: Millimicrosecond Duration Light Source. Rev. Sci. Instr. **28** (1957) 1027

[191] LEWIS, C., W. R. WARE, L. J. DOEMENY und T. L. NEMZECK: The Measurement of Short-Lived Fluorescence Decay Using the Single Photon Counting Method. Rev. Sci. Instr. **44** (1973) 107

[192] BERLMAN, J. B., O. J. STEINGRABER und M. J. BENSON: Hydrogen Flash Lamps. Rev. Sci. Instr. **39** (1968) 54

[193] MACKEY, R. C., S. A. POLLACK und R. S. WITTE: Multiple Watt Submicrosecond High Repetition Rate Light Source and Its Application. Rev. Sci. Instr. **36** (1965) 1715

[194] THOLL, H.: Thermalisierung und zeitliche Entwicklung der Elektronendichte und Temperatur von Funkenkanälen in Wasserstoff. Z. Naturforschg. **25a** (1970) 420

[195] KÜHN, B.: Oszillografische Messungen an stromstarken Funken. Ann. Phys. **3** (1959) 241

[196] ANDREEV, S. J., und M. P. VANYUKOV: Anwendung einer Funkenentladung zur Erzeugung intensiver Lichtblitze der Dauer 10^{-7} bis 10^{-8} s. JTF **31** (1961) 961

[197] DAVIES, A. J., C. S. DAVIES und C. J. EVANS: Computer Simulation of Rapidly Developing Gaseous Discharges. Proc. IEE **118** (1971) 816

[198] KLINE, L. E., und J. G. SIAMBIS: Computer Simulation of Electron Avalanches and Streamers. Proc. IEEE **59** (1971) 707

[199] KLINE, L. E., und J. G. SIAMBIS: Characteristic Energy and Electron Energy Distributions for Electron Avalanches in Nitrogen. Proc. X^{th} Int. Conf. Phen. Ionized Gases, Contributed Papers, p. 53, Oxford 1971

[200] PENNEY, G. W., und G. T. HUMMERT: Photoionization Measurements in Air, Oxygen and Nitrogen. J. Appl. Phys. **41** (1970) 572

[201] TIMM, U.: The Development of Single Streamers Started by Laser Light at High Overvoltages in Rare Gases. J. Phys. D **6** (1973) 1891

[202] LOEB, L. B., R. G. WESTBERG und H. C. HUANG: Streamer Mechanism in Filamentary Spark Breakdown in Argon by Fast Photomultiplier Techniques. Phys. Rev. **123** (1961) 43

[203] LOEB, L. B.: Electrical Coronas. University of California Press, Berkeley and Los Angeles, 1965

[204] MARSHAK, I. S.: Der elektrische Durchschlag bei Drücken in der Nähe des Atmosphärendrucks (russ.). Uspekhi fiz. nauk **71** (1960) 631

[205] ROGOWSKI, W., und A. WALRAFF: Bestrahlung und Durchschlag. Z. Phys. **102** (1936) 183

[206] SCHADE, R.: Die Charakteristik des Townsend-Stromes und die Beeinflussung der Zündspannung einer Glimmentladung durch Bestrahlung. Z. Phys. **105** (1937) 595

[207] WILHELM, J., und G. WALLIS: Elektronen-Transportkoeffizienten in Gasen und Niederdruckplasmen. In: Ergebnisse der Gaselektronik und Plasmaphysik, Bd II, Akademie-Verlag, Berlin 1971

[208] TOWNSEND, J. S.: Electrons in Gases. Hutchinson 1947

[209] BORTNIK, I. M.: Die Anfangsspannung einer elektrischen Entladung in Helium bei mittleren pd-Werten (russ.). JTF **34** (1964) 1939

[210] ENGELHARDT, A. G., A. V. PHELPS und C. G. RISK: Determination of Momentum Transfer and Inelastic Collision Cross Sections for Electrons in Nitrogen Using Transport Coefficients. Phys. Rev. **135** (1964) A 1566

[211] HEYLEN, A. E. D., und T. J. LEWIS: Electron Energy Distribution Functions and Transport Coefficients for the Rare Gases. Proc. Roy. Soc. **271** (1963) 531

6. Sachverzeichnis

Der Autor

- behandelt den elektrischen Durchschlag in Gasen bei höheren Drücken (pd $\approx$ 1 bis 1000 Torr cm) im homogenen Feld, erläutert kritisch die Methoden zur Berechnung der statischen Durchschlagsspannung und vergleicht die Ergebnisse mit verfügbaren experimentellen PASCHEN-Kurven für die wichtigsten atomaren und molekularen Gase

- erläutert die Entwicklung von Funken im Anschluß an die Durchschlagsphase, wobei insbesondere Ansätze zur Beschreibung induktionsarmer Entladungen diskutiert werden

- entwickelt ein Modell für induktionsarme thermische Funkenentladungen im Anschluß an die Theorie von ROMPE und WEIZEL und zeigt dessen Gültigkeit und Brauchbarkeit zur Beschreibung des elektrischen Verhaltens von Impulsentladungen, wie sie etwa für Nanosekunden-Lichtquellen verwendet werden

WISSENSCHAFTLICHE TASCHENBÜCHER